Tanja Schumacher

Vergleich von ökologischem und konventionellem Weinbau im Unteren Saartal

GRIN Verlag

Bibliografische Information der Deutschen Nationalbibliothek:

Die Deutsche Bibliothek verzeichnet diese Publikation in der Deutschen Nationalbibliografie; detaillierte bibliografische Daten sind im Internet über http://dnb.d-nb.de/ abrufbar.

Impressum:

Druck und Bindung: Books on Demand GmbH, Norderstedt Germany
ISBN: 978-3-656-31858-3

Dieses Buch bei GRIN:

http://www.grin.com/de/e-book/204606/vergleich-von-oekologischem-und-konventionellem-weinbau-im-unteren-saartal

GRIN - Your knowledge has value

Der GRIN Verlag publiziert seit 1998 wissenschaftliche Arbeiten von Studenten, Hochschullehrern und anderen Akademikern als eBook und gedrucktes Buch. Die Verlagswebsite www.grin.com ist die ideale Plattform zur Veröffentlichung von Hausarbeiten, Abschlussarbeiten, wissenschaftlichen Aufsätzen, Dissertationen und Fachbüchern.

Bachelorarbeit

„Vergleich von ökologischem und konventionellem Weinbau im Unteren Saartal“

im Fach Angewandte Geographie
Studiengang Physische Geographie
an der Universität Trier

Tanja Schumacher

Trier, November 2011

Inhaltsverzeichnis

Abbildungsverzeichnis

Tabellenverzeichnis

1 Einleitung

1.1 Zielsetzung der Arbeit und Lage des Untersuchungsgebietes

Das Thema „Vergleich von ökologischem und konventionellem Weinbau im Unteren Saartal" entstand im Zuge eines Praktikums beim NABU Region Trier in Verbindung mit dem Weingut Dr. Frey in Kanzem. Die vorliegende Arbeit hat das Ziel die unterschiedlichen Wirtschaftsweisen von ökologischem und konventionellem Weinbau herauszustellen und diese zu bewerten. Zunächst wird ein allgemeiner Überblick über die beiden Weinbaumethoden gegeben. Im Anschluss folgt die Analyse und Auswertung der im Gelände aufgenommenen Daten. Das Untersuchungsgebiet befindet sich in Rheinland-Pfalz südwestlich von Trier, in der deutschen Weinbauregion Mosel. Die Weinberge liegen im Bereich des Unteren Saartals, in der Umgebung von Kanzem, einem kleinen Ort der Verbandsgemeinde Konz.

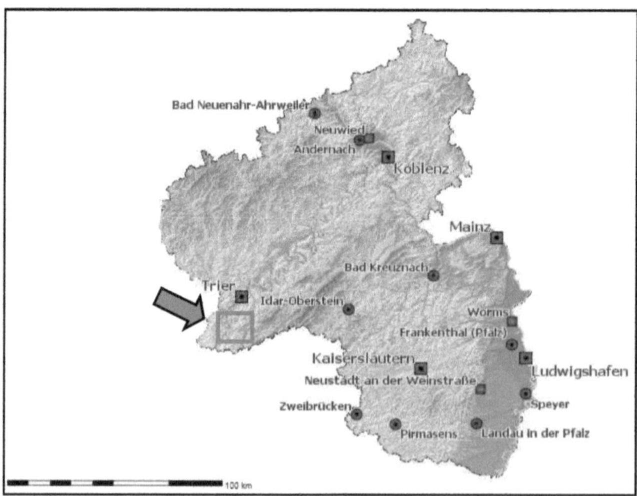

Abbildung 1: Geographische Einordnung des Untersuchungsgebiets
Quelle: http://www.geoportal.rlp.de/portal/karten.html

Die ökologischen Untersuchungsflächen sind im Besitz des Weinguts Dr. Frey in Kanzem, das seit 1889 an der Saar Flächen an mehreren Weinbergslagen bewirtschaftet. Die Umstellung auf ökologischen Weinbau erfolgte 2006/2007. Mit hohem Qualitätsanspruch wird auf den Schiefer-Steillagen des Unteren Saartals Riesling und Weißburgunder angebaut.

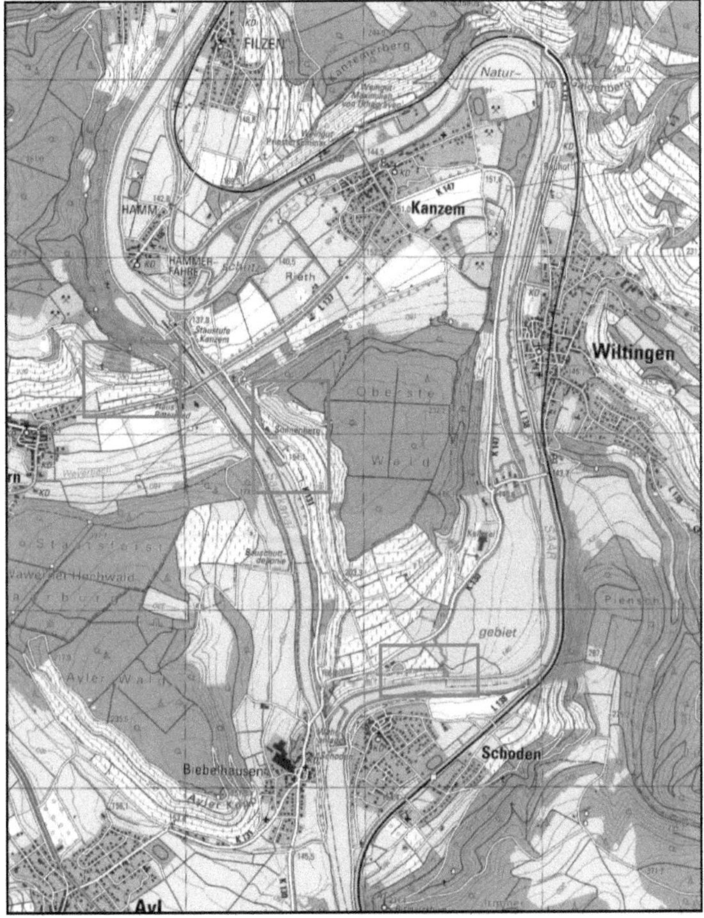

Maßstab 1:25.000 – 1cm in der Karte entsprechen 250m in der Natur

Abbildung 2: Untersuchungsflächen
Quelle: Landesamt für Vermessung und Geobasisinformation Rheinland Pfalz 2007

Untersucht wurden mehrere ökologisch und konventionell bewirtschaftete Weinberge der Weinlagen Kanzemer Sonnenberg, Wawerner Jesuitenberg und Wiltinger Schlangengraben. Von ihrer geographischen Lage her bringen die Vergleichsparzellen ähnliche Standortvoraussetzungen mit sich. Der konventionelle Weinbau, die verbreitete Form des Weinbaus mit Verwendung von synthetischen Dünge- und Pflanzenschutzmitteln, ist heute zum ökologischen Weinbau in einigen Fällen nur schwer abzugrenzen. So setzen auch konventionelle Winzer vermehrt Methoden des ökologischen Weinbaus ein. Hierzu zählt gezieltes Begrünungsmanagement und der Einsatz organischer Düngemittel (Stallmist, Kompost u. ä.).

Abbildung 3: Kanzemer Sonnenberg
Quelle: Eigene Darstellung

Abbildung 4: Wawerner Jesuitenberg
Quelle: Eigene Darstellung

1.2 Stand der Forschung

Manfred J. Müller schrieb 1984 eine Erläuterung zur Geomorphologischen Karte 1:25.000. In dieser legt er die Schwerpunkte auf die Reliefbildung, die geomorphologischen Verhältnisse und die geoökologisch-geomorphologische Bewertung des Blattes Saarburg (6305) im Bereich des Unteren Saartals (vgl. MÜLLER 1984). Susanne Bernsdorf erarbeitete 1990 eine Diplomarbeit mit dem Thema: Eine geoökologische Bestandsaufnahme und Raumgliederung im Unteren Saartal. Sie führte zahlreiche Kartierungen im Hinblick auf die Geomorphologie, Böden etc. durch. Ziel ihrer Arbeit war die Anwendung sowie die kritische Bewertung der KA GÖK 25 (vgl. BERNSDORF S., 1990). Im selben Jahr befasste sich Bodo Bernsdorf mit dem Naturraum des Unteren Saartals. Das Thema seiner Diplomarbeit lautete: Geoökologische Landschaftsanalyse im NW-Ausschnitt der TK 25 6305 Blatt Saarburg nach der KA GÖK 25 (vgl. BERNSDORF B., 1990). Außerdem gibt das Landesamt für Geologie und Bergbau Rheinland-Pfalz Weinbergsbodenkarten im Maßstab 1:10.000 für das Untere Saartal heraus. Ähnliche Untersuchungen hinsichtlich der Weinbergsvegetation und Regenwurmpopulation liegen für das Gebiet rund um die „Kanzemer Insel" bis dato nicht vor.

2 Naturräumliche Gliederung des Unteren Saartals

2.1 Geologie

Das Untere Saartal ist ein Abschnitt des Rheinischen Schiefergebirges, ein Teil des großen variskischen Gebirges, das gegen Ende des Karbons gefaltet und herausgehoben wurde.

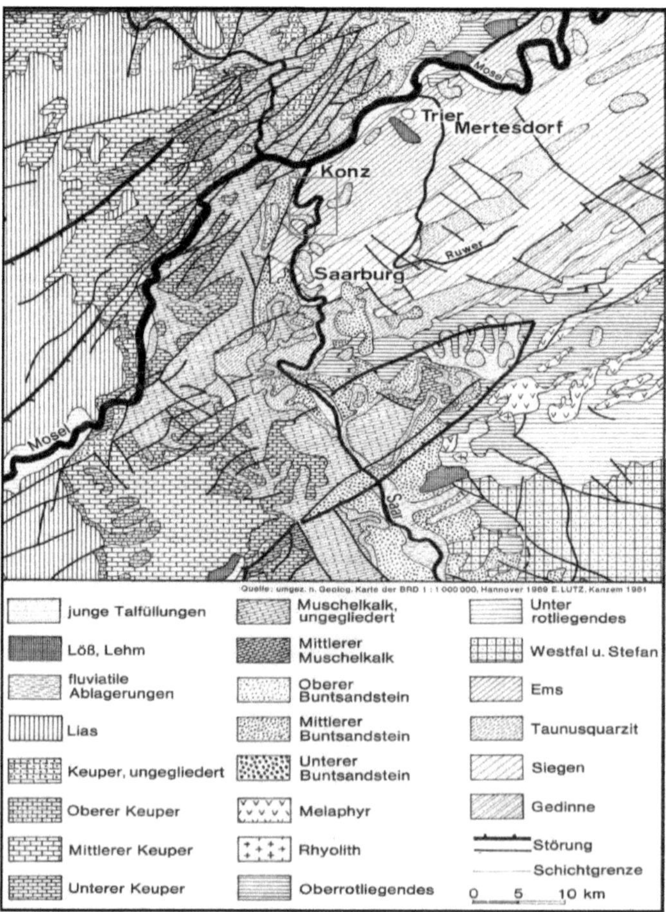

Abbildung 5: Geologische Karte

Quelle: M. J. MÜLLER (1984), S. 13

Die Klimaänderungen und die Bildung des Flusssystems der Saar sind verantwortlich für das heutige Landschaftsbild des Unteren Saartals. Das Untersuchungsgebiet wird von unterdevonischen grau-blauen Tonschiefern bestimmt. Sie sind das ideale Ausgangsgestein für den Anbau von Weinreben, da sie die Wärme der Sonne besonders gut speichern. Abbildung 5 zeigt, dass die Tonschiefer aus der Zeit der Siegen, gepaart mit fluviatilen Ablagerungen, stammen.

Abbildung 6: Schieferboden Wawerner Jesuitenberg
Quelle: Eigene Darstellung

Die Saar formte die für dieses Gebiet typische Gebirgsstruktur mit ihren zahlreichen Flussterrassen. Die weicheren Tonschiefer ermöglichten die Tiefenerosion des Flusses, sodass die Saar ein breites Tal und steile Hänge schuf. Im Zuge dessen entstanden verschiedene Terrassenniveaus, die von der Bevölkerung unterschiedlich genutzt werden (vgl. MÜLLER 1984).

2.2 Klima

Der Trierer Raum zeichnet sich durch ein maritim-kontinentales Übergangsklima aus. Die kontinentalen Züge zeigen sich im Sommer mit mittleren Temperaturen von mehr als 18°C im Juli. Das mildere maritime Klima dominiert im Winter mit durchschnittlichen Temperaturen von ca. 1°C. Sie bieten dem Weinbau gute Wachstumsvoraussetzungen. Die beträchtliche Reliefenergie ist lokalbedingt der Anlass für beachtliche Temperaturunterschiede, die zwischen den Höhen und den Tälern existieren. Die Niederschläge weisen ganzjährig eine ziemlich gleichmäßige Verteilung auf. Die Maxima liegen sowohl auf den Höhen als auch in den Tälern im August. Aufgrund der klimatischen Bedingungen ist es möglich hier Weinbau zu betreiben (vgl. MÜLLER 1984).

Das Mikroklima hat einen bedeutenden Einfluss auf den Weinanbau. Wichtige Einflussfaktoren sind die Exposition, die Neigung und Wölbung des Hangs sowie die physikalischen und chemischen Eigenschaften des Bodens.

Tabelle 1: Messstation Kanzem (216m ü. NN)

Jahr	Temp. (2 m) Ø	Wind Ø	Niederschlag Σ	Wasserbilanz Σ	Luftfeuchte Ø	Blattnässe Ø	Strahlung Σ	Sonnenstunden Σ	Vegetationstage Σ	Jahr
	[°C]	[m/s]	[mm]	[mm]	[%]	[%]	[kWh/m²]	[h]	(T Ø >= 5 °C)	
2010	10.1	1.0	675.0	-17.4	77	49	1043	1681	257	2010
2009	11.2	1.1	703.2	20.4	80	56	1062	1758	284	2009
2008	11.1	1.2	780.4	104.6	79	49	1018	1630	282	2008
2007	11.4	1.3	927.8	290.6	84	52	1050	1763	309	2007
2006	11.2	1.3	828.6	169.2	82	48	1053	1747	271	2006
	Temp. (2 m) Ø	Wind Ø	Niederschlag Σ	Wasserbilanz Σ	Luftfeuchte Ø	Blattnässe Ø	Strahlung Σ	Sonnenstunden Σ	Vegetationstage Σ	
	[°C]	[m/s]	[mm]	[mm]	[%]	[%]	[kWh/m²]	[h]	(T Ø >= 5 °C)	
Ø	**11.0**	**1.2**	**783.0**	**113.5**	**80**	**50**	**1045**	**1715**	**280**	Ø
Min.	10.1	1.0	675.0	-17.4	77	48	1018	1630	257	Min.
Max.	11.4	1.3	927.8	290.6	84	56	1062	1763	309	Max.
Σ	-	-	-	-	-	-	-	-	-	Σ

Quelle: http://www.am.rlp.de/Internet/AM/NotesAM.nsf/amweb/fe2ecc045bdc778cc1257171002e8a7a?OpenDocument&TableRow=2.5#2.

Tabelle 1 zeigt, dass der Naturraum Saar für die Weinkultur sehr gut geeignet ist. Die Kombination aus steilen Schieferhängen, der Jahresmitteltemperatur von ca. 11°C und einem mittleren Niederschlag von 783mm bieten der Rebe gute Wachstumsvoraussetzungen. Die Sonnenstunden mit einem Wert von 1715 Stunden pro Jahr runden das Ganze ab (vgl. MÜLLER 1984).

2.3 Böden

Die Weinbergsböden im Unteren Saartal sind überwiegend Rigosole aus Schuttlehm über anstehendem Schiefer aus dem Zeitalter des Devon. Vereinzelt treten am Unterhang auch Kolluvisole aus Kolluvialschuttlehm auf.
Rigosole entstehen durch das ‚Rigolen', ein tiefgreifendes Umschichten (bis 1m) des Bodenmaterials. Sie zählen zu den terrestrischen Bodentypen, die durch einen Pflughorizont (Ap-Horizont) auf Lockergestein (C-Horizont) gekennzeichnet sind. Die Kolluvisole entstehen durch das Verlagern bzw. Abschwemmen von Bodenmaterial am Oberhang und den anschließenden Ablagerungsprozess am Unterhang. Am Oberhang führt dieser Mechanismus allmählich zu einer Reduzierung des humosen Oberbodens. Der Hangfuss hingegen wird angereichert. Kolluvisole gehören ebenfalls in die Kategorie der terrestrischen Böden, die aufgrund der Landwirtschaft entstanden sind. Die Horizontabfolge des Kolluvisol setzt sich zusammen aus A-, M- und C-Horizont. A steht für den humosen Oberboden. M bezeichnet das abgetragene und anschließend abgelagerte Material. Der C-Horizont steht für das Ausgangsgesein (vgl. BLUM 2007).

2.4 Flora

Das Untere Saartal gehört zur Vegetationszone der sommergrünen Laub- und Mischwälder. Die Pflanzenformation setzt sich überwiegend aus Eichen- und Buchenwäldern zusammen, die in Kombination mit Sträuchern und einer dichten Krautschicht auftreten. In etwas höheren Lagen werden die Laubbäume durch Nadelhölzer wie Kiefern und Fichten ersetzt, da sie gegen Kälte eine höhere Resistenz aufweisen. Die Saarterrassen sind je nach Höhenlage floral gegliedert. Die Hochflächen (245-265m) sind überwiegend von Wald bedeckt. Die Mittelterrasse (200-245m) ist an südlich exponierten Hängen mit Wein bebaut. Die weniger günstigen Lagen liegen brach oder werden ackerbaulich genutzt. Die Niederterrassen (< 200m) sind von Ackerbau, Grünland und Siedlungen gekennzeichnet (vgl. MÜLLER 1984).

2.5 Hydrologie

Die hydrologischen Verhältnisse im Unteren Saartal sind durch die dort vorherrschenden Tonschiefer geprägt. Die sehr wasserundurchlässigen Tonschiefer führten zur Entstehung zahlreicher größerer und kleinerer Gewässer. Es treten allerhand Quellen und kleinere Gerinne auf, die je nach Niederschlagsereignis nur vorübergehend Wasser führen. Das Flussbett der Saar ist auf Tonschiefern geformt. Der Wasserstand ist ganzjährig durch starke Pegelschwankungen gekennzeichnet, die oftmals im Bereich der Auen zu Hochwasser führen. Die Grundwasserverhältnisse sind aufgrund der Tonschiefer relativ ungünstig. Früher erfolgte die Wasserversorgung der umliegenden Gemeinden mittels dorfeigener Brunnen. Der Bevökerungsanstieg und der daraus resultierende höhere Wasserverbrauch machten den Anschluss an überörtliche Kreiswasserwerke unabdingbar (vgl. MÜLLER 1984).

3 Terroir

Der Begriff Terroir ist französischer Herkunft und beschreibt die Umgebung einer Weinbergslage. Dieser viel diskutierte Ausdruck bezieht sich nicht nur auf die Standortgegebenheiten, sondern integriert auch die Wechselwirkungen der einzelnen Systeme untereinander. Der französische Winzer Bruno Prats beschreibt den Begriff so: *„Der ganz und gar französische Begriff Terroir erfasst alle natürlichen Voraussetzungen, die die Biologie des Weinstocks und demzufolge die Zusammensetzung der Traube selbst beeinflussen. Terroir ist das Zusammentreffen von Klima, Boden und Landschaft, das Zusammenwirken einer unendlichen Anzahl von Faktoren! Alle diese Faktoren reagieren miteinander und bilden in jedem einzelnen Teil eines Weinbaugebietes das, was der Winzer Terroir nennt. " (vgl. http://www.das-pfalz-magazin.de/pfaelzer-wein/terroir/)*

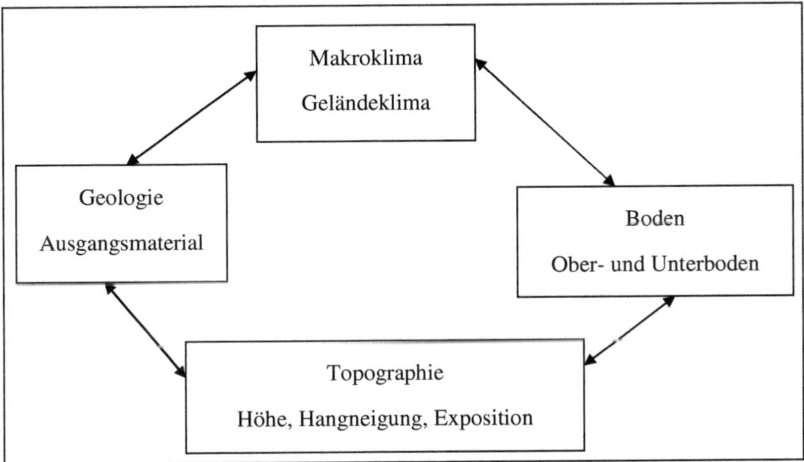

Abbildung 7: Terroir – Standortfaktoren
Quelle: Eigene Darstellung

Abbildung 7 zeigt, welche Standortfaktoren wichtig sind. Die für die Rebe am besten geeigneten Gebiete befinden sich zwischen dem 30. und 50. Breitengrad Nord oder Süd. Während der Vegetationsperiode von April bis Oktober ist das Zusammenspiel der Standortfaktoren besonders wichtig. Angepflanzt werden kann der Wein nur bis zu einer gewissen Höhenlage, da die Temperatur im Durchschnitt pro 100m um 0,6°C abnimmt. Neben der Temperatur ist die Rebe auch von der Exposition des Hanges abhängig. Süd-, Süd-West- und Süd-Ost-Lagen bieten dem Weinbau günstige Wachstumsbedingungen. Zum Wachsen benötigt die Rebe mindestens 1100 bis 1600 Sonnenstunden pro Jahr. Nördlich exponierte Hänge eignen sich weniger, da sie meist kühler und feuchter sind. Des Weiteren spielt auch die Neigung des Hangs eine Rolle. Weinbau kann nur bis zu einer Neigung von ca. 30% betrieben werden. Sehr steile Lagen sind maschinell schlecht bis gar nicht zu bewirtschaften. Dennoch gilt: je steiler der Hang desto größer die Sonneneinstrahlung. Eine konvexe Wölbung des Hangs ist für die Weinkultur die bevorzugte Voraussetzung. Gründe sind die Entstehung von Kaltluftseen. Kaltluft besitzt eine höhere Dichte als warme. Daraus können sich in Tälern und Mulden Kaltluftseen bilden, die Frostschäden an der Rebe verursachen können. Der benötigte Jahresniederschlag liegt zwischen 500 und 700mm. Je nach Rebsorte sind relativ trockene Böden für das Wachstum völlig ausreichend. Neben diesen Faktoren schließt der Begriff Terroir auch die Arbeit des Winzers mit ein. Die von ihm gewählte Rebsorte kann beeinflusst werden durch Bodenbearbeitung, Düngung und dem Schutz der Pflanze vor Schädlingen. Die Wechselwirkungen zwischen Naturraum und der Arbeitsweise des Winzers werden durch die Bezeichnung Terroir optimal definiert (vgl. HOPPMANN 2010).

4 Vergleich ökologischer und konventioneller Bewirtschaftungsweisen

Der ökologische Weinbau steht aus Sicht der Verbraucher für den schonenden Umgang mit Wasser und Boden, die Förderung der Artenvielfalt und die Herstellung von hochwertigen Naturprodukten. Der Begriff konventioneller Weinbau bezeichnet die ursprüngliche Form der Herstellung von Wein. Im folgenden Kapitel werden die Bewirtschaftungsweisen der beiden Methoden genauer vorgestellt. Besonderen Wert wird auf die Bodenbearbeitung, die Düngung und den Pflanzenschutz gelegt. In diesen drei Gesichtspunkten treten wesentliche Unterschiede im Vergleich von ökologischem und konventionellem Weinbau auf. Richtlinien für die Ernte und die Arbeit im Keller gibt es bis dato noch nicht. Daher sind sich die beiden Methoden in diesen beiden Punkten sehr ähnlich.

4.1 Ökologischer Weinbau

Seinen Ursprung hat der ökologische Weinbau in der Mitte der 70er Jahre am Kaiserstuhl. Die dort ansässigen Winzer machten sich Gedanken um die Umstellung ihrer Weinberge aufgrund eines geplanten Atomkraftwerkbaus. Der ökologische Weinbau war der Anstoß für die Verlegung des Atomkraftwerks. Vor diesem Hintergrund gründete Professor Dr. Preuschen den ersten Arbeitskreis ökologisch arbeitender Winzer. Zusammen mit der Stiftung Ökologischer Landbau (SÖL) wurden Vortragsveranstaltung und Seminare zum Thema Ökologischer Weinbau für Winzer organisiert (vgl. HOFMANN 1995).

1985 gründete sich der Bundesverband ökologischer Weinbau e.V. (BÖW), später ECOVIN genannt. Noch im Gründungsjahr des Verbandes wurden Richtlinien in Bezug auf den Anbau, die Bodenpflege und den Pflanzenschutz europaweit in der EG-ÖKO-Verordnung 2092/91 festgelegt. Mit der wachsenden Verbraucherakzeptanz und der internationalen Nachfrage an hochwertigen deutschen Weinen nahm seit den 1980er Jahren die Anzahl der ökologischen Weinbaubetriebe stetig zu. Neben ECOVIN verzeichnen weitere Verbände wie 'Bioland', 'Naturland' oder 'Biokreis' ebenfalls großen

Zuwachs an Ökowinzern. Ausschlaggebend für diese Entwicklung sind, abgesehen von einem gestiegenen Umweltbewusstsein, auch die Förderung durch das Land und die sich positiv entwickelnden Vermarktungs- und Absatzmöglichkeiten (vgl. HOFMANN 1995). Aktuell sind bei ECOVIN ca. 215 Betriebe Mitglied, die in zehn verschiedenen Anbaugebieten Deutschlands ca. 1400ha Rebfläche nach ökologischen Richtlinien bewirtschaften. Demnach ist ECOVIN der größte Zusammenschluss ökologischer Weingüter weltweit. Ihr Gütesiegel versichtert den Verbrauchern ökologische Konsequenz bei Anbau und Verarbeitung, sowie ein Endprodukt von hoher Qualität (vgl. http://ecovin.de/de/ecovin-aus-gutem-grund.htm, Datum des Zugriffs: 10.11.2011)

4.1.1 Richtlinien ECOVIN

Der Bundesverband Ökologischer Weinbau ECOVIN legte im Zuge seiner Gründung für die Mitglieder einige verbindliche Richtlinien fest, die in Abbildung 8 aufgeführt sind.

PRÄAMBEL

Den ECOVIN-BÖW Richtlinien zur Erzeugung von Trauben, Traubensaft, Wein, Sekt und Weinbrand liegen folgende Ziele des ökologischen Weinbaus zugrunde:

- Erhaltung und Steigerung der natürlichen Bodenfruchtbarkeit durch geeignete Kulturmaßnahmen
- Erziehung gesunder, widerstandsfähiger Pflanzen ohne Einsatz von Herbiziden, chemisch-synthetischen Insektiziden und organischen Fungiziden sowie synthetischen Stickstoff-Düngern
- Förderung und Mehrung der Artenvielfalt der Pflanzen- und Tierwelt im Ökosystem Weinberg durch gezielte Begrünungsmaßnahmen
- Herstellung eines weitgehend geschlossenen Produktionskreislaufs
- Reduzierung der Gewässer- und Bodenbelastung
- Ablehnung genmanipulierter Pflanzen, Mikroorganismen sowie deren Erzeugnisse
- Schaffung einer sicheren Existenz auf der Basis befriedigender Lebensbedingungen.

Abbildung 8: Richtlinien ECOVIN

Quelle: ECOVIN - Bundesverbandes Ökologischer Weinbau e.V., Stand 2007

Der natürliche Stoffkreislauf im Weinberg soll durch Einhaltung der Richtlinien unterstützt werden. Zur Steigerung der Bodenfruchtbarkeit wird auf eine intensive Humuswirtschaft mittels Begrünung gesetzt. Die Begrünung der Rebzeilen hat außerdem eine größere Artenvielfalt zur Folge. Zu Gunsten des Bodenlebens verzichten die Winzer auf jegliche chemisch-synthetischen Pflanzenschutzmittel oder Dünger, die den Naturhaushalt stören. So kann weitestgehend auf Pflanzenschutzmittel verzichtet werden. Bei der Auswahl der Rebsorte verlassen sich die Winzer auch auf gesunde und pilzwiderstandsfähige Pflanzen wie dem Regent. Die Weingüter fördern angesichts ihrer Arbeitsweise die biologische Vielfalt im Weinberg und tragen somit aktiv zum Umweltschutz bei (vgl. ECOVIN 2005, 7. Fassung).

4.1.2 Begrünungsstrategien

Das Ziel der Begrünung ist die Steigerung der Bodenfruchtbarkeit und die Förderung der Artenvielfalt in Weinbauflächen. Um den Zielen gerecht zu werden, empfiehlt sich eine Begrünungsmischung aus unterschiedlichen Pflanzenarten. Die Bodenpflegemaßnahmen haben den Zweck, die standortspezifischen Leistungen des Bodens zu erhalten und die Bereitstellung von Wasser und Nährstoffen zu sichern. Grundsätzlich wird bei der Begrünung zwischen temporärer und Dauerbegrünung unterschieden. Die temporäre Begrünung wird nur periodenweise angewendet, zum Beispiel als Herbst-Winterbegrünung oder Frühjahrsbegrünung mit einem Wechsel von begrünten und offenen Reihen. In die offenen Reihen kann zusätzlich Stroh oder Mulch eingebracht werden. Angewendet wird sie meist dort, wo eine Dauerbegrünung aufgrund von ungünstigen Wasserhaushaltverhältnissen nicht möglich ist.

Abbildung 9: Teilzeitbegrünung

Quelle: www.der-winzer.at/mmedia/image/2010.02.18/1266504434_1.jpg?1291740896

Die Dauerbegrünung sieht einen ganzjährigen Bewuchs in allen Rebzeilen vor. Sie findet hauptsächlich in niederschlagreichen Regionen oder auf tiefgründigen und humusreichen Böden Anwendung. Eine Dauerbegrünung sollte nicht länger als fünf Jahre betrieben werden, um wechselnde Begrünungsmischungen einzusetzen (vgl. HOFMANN 1995).

Abbildung 10: Dauerbegrünung
Quelle: Eigene Darstellung

Zu den bei der Begrünung bevorzugten Pflanzen gehören Leguminosen wie z.B. Klee oder Lupinen. Sie sorgen für ein reiches Blütenangebot im Weinberg und besitzen die für die Bodenfruchtbarkeit wichtige Fähigkeit zur Fixierung von Luftstickstoff. Diese N-Bindung erfolgt durch Symbiose mit sogenannten Knöllchenbakterien an den Wurzeln der Leguminose. Lupinen besitzen im Besonderen die Eigenschaft Böden intensiv zu durchwurzeln. Ihre 1,5m langen Wurzeln können auch stark verdichtete Böden durchdringen und so die Durchwurzelbarkeit für Folgekulturen verbessern.

Abbildung 11: Lupinen
Quelle: Eigene Darstellung

Neben Klee und Lupinen werden zur Begrünung auch Wicken, Gelbsenf, Pastinak, Luzerne oder Schafgarbe genutzt. Die Begrünungsmaßnahmen sollen das Wachstum und die Entwicklung der Rebe nicht behindern. In trockeneren Gebieten oder Jahren muss darauf geachtet werden, dass die Pflanzen nicht zu Wasser- und Nährstoffkonkurrenten der Rebe werden. Im Vergleich zu offenen Rebzeilen benötigen begrünte mehr Wasser. Der Wasserkonkurrenz muss daher zu Beginn der Vegetationsperiode im Mai/Juni oder in trockeneren Monaten, wie Juli und August, mittels Mähen oder Mulchen entgegengewirkt werden. Bedeutende Vorteile der Begrünung sind nicht nur die Förderung der Artenvielfalt, sondern auch der Schutz vor Erosion an steilen Hanglagen. Außerdem wird das Bodenleben und Speichervermögen des Bodens unterstützt. Prinzipiell gilt, dass sowohl die temporäre als auch die Dauerbegrünung Nachteile mit sich bringen können. Deshalb ist es erforderlich die Begrünung des Weinbergs genau auf die Standortvoraussetzungen anzupassen (vgl. KAUER 2007).

4.1.3 Bodenbearbeitung

Vor jeder mechanischen Bodenbearbeitung ist es wichtig, mit Hilfe der Spatendiagnose Kenntnisse über den aktuellen Zustand des Bodens zu erlangen. Die Spatendiagnose gibt Aufschluss über den Humusgehalt, die Durchwurzelung und das Porenvolumen. Ebenfalls festgestellt werden können der gegenwärtige Zustand der biologischen Aktivität, sowie die Zusammensetzung des Bodengefüges. Die Bodenbearbeitung wird auf diese Kriterien abgestimmt. Die Lockerung soll der Belüftung des Bodens dienen, zwecks Verbesserung der Lebensbedingungen für die Bodenlebewesen und die Pflanzenwurzeln. Die mechanische Bearbeitung wirkt außerdem der natürlichen Sackung des Bodens und der Verdichtung aufgrund der maschinellen Bearbeitung entgegen. Um einer Schädigung des Bodenlebens vorzubeugen, muss auch bei der Lockerung ein gewisses Vorgehen eingehalten werden. Die Spatendiagnose ist immer zu Beginn durchzuführen. Anschließend sollte die Bodenfeuchte analysiert werden, da zu feuchte Böden zu Verdichtung und Verschmieren neigen. Ausgetrocknete Böden gilt es ebenfalls zu meiden. Um die natürliche Schichtung des Bodens nicht zu zerstören, darf zwischen 5 und 10cm der Oberboden gewendet bzw. durchmischt werden, ab 15 bis 30cm sollte das Wenden unterbleiben. In diesem Bereich sollte lediglich gelockert werden. Generell kann festgelegt werden, dass in trockenen und warmen Gebieten eine tiefere Bodenbearbeitung erfolgen kann, wie etwa in Gebieten mit kühleren und niederschlagsreicheren Verhältnissen. Des Weiteren bringt jede Durchmischung des Bodens zusätzlichen Sauerstoff in den Boden. Dieser begünstigt zwar die Aktivität der Lebewesen, allerdings wird hierdurch auch der Humusabbau angetrieben. Die Bodenpflege ist darauf ausgerichtet, den Humusaufbau zu begünstigen, deshalb sollte nach jeder Lockerung eine Neueinsaat von Begrünungsmischungen erfolgen. Jedes Bearbeitungsgerät, das der Winzer zur Bodenbearbeitung einsetzt, greift in die natürlichen Abläufe im Boden ein. Deshalb gilt bei der Durchführung der Lockerung besondere Vorsicht. Prinzipiell werden im ökologischen Weinbau die gleichen Geräte verwendet wie im konventionellen, jedoch müssen diese mit großer Umsicht eingesetzt werden. Zur Lockerung oder zur Saatbettbereitung werden unter anderem der Schichtengrubber oder ein Abbruchlockerer verwendet (vgl. HOFMANN 1995).

Abbildung 12: Schichtengrubber
Quelle: www.derwinzer.at/mmedia/image/2010.02.18/1266504318_1.jpg?1291740890

Die flache Bodenbearbeitung, welche zur Einarbeitung von vorhandenen Pflanzenbeständen oder der Saatbettbereitung dient, kann neben vielen anderen Geräten mit Pflug, Fräse oder Egge vorgenommen werden. Die Bodenpflege erfordert im ökologischen Weinbau eine gründliche Vorbereitung und exakte Kenntnis über die klimatischen Bedingungen des Standortes. Nur so kann das Ökosystem Boden im Weinberg optimal unterstützt werden (vgl. KAUER 2007).

4.1.4 Düngung

Die Düngung ist im ökologischen Weinbau von enormer Wichtigkeit. Sie soll nicht als Nährstoffersatz gelten, sondern die natürliche Bodenfruchtbarkeit fördern. Die Begrünung der Weinberge ist ein guter Ansatz, um der Rebe ein umfangreiches Nährstoffangebot zu bieten. Zusätzlich kann der Winzer verschiedene Dünger einbringen. Dennoch ist auch hier die Kenntnis über den momentanen Nährstoffgehalt wichtig, um eine erhöhte Zufuhr an Düngern zu vermeiden. Organische Dünger, wie verschiedene Pflanzenkomposte, Rindenmulch oder Stroh sind der intensiven Humuswirtschaft förderlich. Wirtschaftsdünger, unter denen man die unterschiedlichen Sorten von Mist (Rindermist, Pferdemist, etc.) versteht, sind reich an organischer Substanz, Stickstoff, Phosphor und Kalium. Sie bringen ausreichend Nahrung für die Bodenlebewesen mit und dienen als Ausgangstoff zur Humusbildung. Zur Komposterzeugung können alle organischen Materialien verwendet werden. Sie können eine Mischung aus pflanzlichen und tierischen Abfällen sein, oder nur pflanzliche Reste enthalten. Mit Hilfe der Kompostwirtschaft eines Weinbaubetriebs können die organischen Abfälle sinnreich genutzt werden (vgl. KAUER 2007).

Abbildung 13: Kompostdüngung
Quelle: willisweinidee.files.wordpress.com/2009/08/img_3719schwarzeerdenah.jpg

Zugekaufte organische Handelsdünger, wie beispielsweise Erbsenschrot, Rapsschrot oder Lupinenschrot, sind im ökologischen Weinbau zugelassen. Der Einsatz von Mineraldüngern oder Kalken ist vertretbar, wenn die bis dahin zugeführten Nährstoffe für einen optimalen Bodenhaushalt nicht ausreichen. Dieser Mangel kann dann mittels schwerlöslicher Mineralstoffe (Phosphor, Kalium, Magnesium oder Kalk) behoben werden. Die eingesetzten Dünger müssen jedoch von der Kontrollstelle anerkannt und in der EG-Öko-Verordnung verzeichnet sein. Außerdem sollten die Mengenangaben der EG-Öko-Verordnung 2091/92 beachtet werden. In einem Jahr darf zum Beispiel nicht mehr als 70kg/ha pflanzenverfügbarer Stickstoff in den Weinberg eingebracht werden. Verboten sind im Ökoweinbau leichtlösliche Stickstoffdünger, die mühelos ins Grundwasser gelangen können. In der Vergangenheit haben diese des Öfteren dazu geführt, dass die Trinkwasserversorgung in Weinbauregionen problematisch wurde. Die Nitratgehalte im Wasser waren zu hoch.

Abschließend kann festgehalten werden, dass im ökologischen Weinbau die Düngung als Nährstoffergänzung gesehen wird und beim Einsatz derer auf einen schonenden Umgang mit Wasser und Boden Wert gelegt wird (vgl. HOFMANN 1995).

4.1.5 Pflanzenschutz

Im ökologischen Weinbau dürfen zum Schutz der Rebe Pflanzenstärkungsmittel auf biologischer, mineralischer, und vereinzelt auch auf anorganischer Basis, eingesetzt werden.
Alternative Schutzverfahren haben das Ziel, die natürliche Widerstandskraft bzw. die Resistenz der Rebe gegen Krankheiten zu stärken. Als Resistenz bezeichnet man das Vermögen der Pflanze sich selbst gegen schädliche Organismen zu schützen und den Befall durch diese zu verhindern. Der ökologisch arbeitende Winzer darf Pflanzenschutzmittel verwenden, die im Anhang der EG-Öko-Verordnung aufgelistet sind.
Die Ausbreitung von Pilzkrankheiten wird aufgrund des Klimawandels begünstigt. Dies ist ein Grund warum im ökologischen Weinbau nicht völlig auf anorganische Pflanzenschutzmittel verzichtet werden kann (vgl. KAUER 2007). Zu den anorganischen Präparaten zählt zum Beispiel Kupfer. Die Kupferpräparate werden unter anderem zum Schutz vor falschem Mehltau (Peronosporaceae) eingesetzt. Weingüter, die dem Ökoverband ECOVIN angehören, dürfen maximal 3kg CU/ha Rebfläche und Jahr einsetzen. Nicht-Mitglieder, die dennoch nach ökologischen Richtlinien arbeiten, können laut EG-Öko-Verordnung bis zu 6kg/ha und Jahr verwenden. Ein weiterer fungizider Wirkstoff ist der Netzschwefel, der insbesondere gegen den echten Mehltau (Oidium) angewendet wird (vgl. KAUER 2007).

Abbildung 14: Echter Mehltau
Quelle: www.oekolandbau.de/erzeuger/pflanzenbau/weinbau/pflanzenschutz/bekaempfung-von-echtem-mehltau-oidium/

Abbildung 15: Falscher Mehltau

Quelle: Eigene Darstellung

Der falsche Mehltau (Peronospora) und der echte Mehltau (Oidium) zählen zu den Krankheiten, die am schwierigsten zu behandeln sind. Sie können im Weinbau zu hohen Ertragseinbußen führen. Deshalb sollte gerade im ökologischen Weinbau darauf geachtet werden, dass schon vorab pilzwiderstandsfähige Reben gepflanzt werden.

Von großer Bedeutung im biologischen Pflanzenschutz ist die Förderung von Nützlingen. Dies gelingt beispielsweise mit Hilfe von Nistkästen, die im Weinberg aufgestellt werden. Natürliche Fressfeinde von Schädlingen sind dem ökologischen Weinbau förderlich und können so den Einsatz von anorganischen Präparaten minimieren.

Ein wichtiger tierischer Schädling im ökologischen Weinbau ist der Traubenwickler. Um Kenntnis darüber zu erlangen, ob eine Bekämpfungsmaßnahme notwendig ist, werden zum Monitoring sogenannte Leimfallen im Weinberg aufgehängt. An diesen bleiben – angelockt durch Pheromone – die männlichen Traubenwickler kleben. Die Fangzahlen geben Aufschluss über die Flugaktivität des Schädlings. Bei hohem Befall kann der Einsatz eines Bakteriums (Bacillus Thuringiensis) erfolgen, welcher spezifisch die Raupen des Traubenwicklers befällt (vgl. KAUER 2007).

Abbildung 16: Leimfalle und „ Insektenhotel"
Quelle: Eigene Darstellung

Die sogenannte Verwirrungsmethode arbeitet mit Pheromonkapseln, die im Weinbergsumfeld und weniger in der Fläche häufig aufgehängt werden. Diese Kapseln verströmen den Duftstoff der Traubenwickler-Weibchen großflächig, sodass die Männchen dieser Art in ihrer Orientierung gestört sind und die Fortpflanzungsrate deutlich reduziert wird.

Abbildung 17: Pheromonkapsel
Quelle: http://www.rlpinfo.de/uploads/RTEmagicC_pheromon_1.jpg.jpg

Neben den anorganischen und biologischen Schutzmitteln kommen auch pflanzliche oder mineralische Öle zum Einsatz. Sie finden Verwendung als Fungizid oder Insektizid, da sie gegen Schädlinge zum Teil giftig oder reizend wirken. Zu den pflanzlichen Ölen gehören zum Beispiel Fenchel- und Rapsöl, die besonders gut gegen jegliche Art

von Milben wirken. Mineralische Öle, wie Paraffinöl, dienen der Beseitigung von Läusen. Für mineralische Öle gelten im Gegensatz zu den pflanzlichen Ölen die in der EG-Öko-Verordnung aufgelisteten Beschränkungen. Im ökologischen Weinbau ist der Einsatz von synthetischen Pflanzenschutzmitteln gänzlich untersagt. Herbizide, Fungizide oder Insektizide enthalten chemische Substanzen, die störende Pflanzen und schädliche Lebewesen abtöten sollen (vgl. KAUER 2007).
Allgemein gilt: Für den Einsatz von Pflanzenschutzmittel ist es wichtig, die Witterung, die Pflanze und die Schädlingspopulationen zu beobachten. Wo kein Schädling oder Risiko einer Pilzinfektion, da auch kein Handlungsbedarf. Bei kritischen Verhältnissen muss jedoch schnell und vorbeugend gehandelt werden. Die natürliche Funktion des Bodens und das Wachstum der Rebe darf mittels Pflanzenschutzmittel nicht beeinträchtigt werden, sondern sollten lediglich als Unterstützung der Widerstandsfähigkeit der Rebe dienen.

4.2 Konventioneller Weinbau

Im Vergleich zum ökologischen Weinbau ist der Arbeitsaufwand beim konventionellen Weinbau geringer und die Produktpreise teilweise niedriger. Im Vordergrund steht oft die Erzielung hoher Erträge. Das folgende Kapitel beschreibt die Bodenbearbeitung, die Düngung und den Pflanzenschutz im konventionellen Weinbau.

4.2.1 Bodenbearbeitung

Um in einer Rebanlage qualitativ und quantitativ optimale Erträge zu erzielen, wird der Boden auch im konventionellen Weinbau bearbeitet. Ähnlich wie im ökologischen Weinbau gibt es auch konventionell wirtschaftende Winzer, die die Bodenfruchtbarkeit mit einer temporären Begrünung der Rebzeilen fördern. Diese verhindert nicht nur die direkte Sonneneinstrahlung auf den Boden, sondern wirkt in besonders steilen Lagen der Bodenerosion entgegen (vgl. VOGT 2000).
Mit der Entwicklung der technischen Möglichkeiten gewann die maschinelle Bodenbearbeitung mehr und mehr an Bedeutung. Der Weinbergsboden wird mit Grubber,

Fräse, Egge oder Pflug regelmäßig gelockert. Die Offenhaltung des Bodens mit Unkrautbekämpfungsmitteln (Herbiziden) findet im konventionellen Weinbau verbreitet Anwendung. Der Bodenerosion durch starke Niederschläge wird mit Hilfe von Stroh oder Rindenmulch entgegen gewirkt. Neben dem Schutz vor Erosion erhöhen diese Materialien auch die Bodenfruchtbarkeit. Ähnlich dem ökologischen Weinbau bringen auch konventionelle Winzer oftmals Komposte in die Rebflächen ein, um den Bodenhumusgehalt zu erhalten und durch Aussaaten die biologische Vielfalt der Monokultur Weinbau zu unterstützen. Falls eine temporäre oder Dauerbegrünung durchgeführt wird, muss in regelmäßigen Abständen gemulcht werden, um den Bewuchs kurzzuhalten. Die Unterstockbodenpflege ist schwieriger zu bewältigen als die Pflege der Fahrgasse. Der Bereich um die Rebstöcke herum sollte möglichst freigehalten werden. Zur Beseitigung des unerwünschten Bewuchses können Herbizide oder eine Fräse dienen. Die Unkrautbekämpfung im Weinberg spielte früher eine sehr wesentliche Rolle. Heute wird der Begriff Unkraut etwas anders definiert. Eine Pflanze ist erst dann als störend anzusehen, wenn sie in großen Mengen auftritt oder an der falschen Stelle angesiedelt ist. Erst dann erfolgt die Entfernung mit Maschinen und chemischen Bekämpfungsmitteln.
Im Vergleich zum ökologischen Weinbau steht bei der konventionellen Bodenpflegevariante das Wachstum der Rebe im Vordergrund. Der ökologische Weinbau orientiert sich viel mehr an der Erhaltung der Artenvielfalt und der Steigerung der Bodenfruchtbarkeit mit umweltschonenden Arbeitsweisen (vgl. VOGT 2000).

4.2.2 Düngung

Unter dem Begriff der Düngung versteht man das Einbringen von zusätzlichen Nährstoffen in den Boden. Die Düngung der Rebe dient im Wesentlichen dem Entgegenwirken eines Nährstoffentzugs. Die Düngemittel sollen daher zeitlich und mengenmäßig so zugeführt werden, dass die Nährstoffe von der Pflanze genutzt werden können. Nachdem 1996 die Verordnung über die Grundsätze der guten fachlichen Praxis beim Düngen in Kraft trat, wurden für die Winzer einheitliche Rahmenbedingungen für eine umweltverträgliche Düngung geschaffen. Die neue Düngeverordnung gilt für alle Flächen, die landwirtschaftlich, gartenbaulich oder weinbaulich genutzt werden.

Die Düngemenge sollte sich aus folgender Formel ergeben:

Rebfläche (ha) x Bedarf an Nährstoffen (kg/ha) x 100

Gehalt des Düngers an Nährstoffen (%)

Die angegebene Formel ist maßgebend, um einen schonenden Umgang mit Düngemittel in Bezug auf die Umwelt zu gewährleisten. Bevor eine Düngung des Weinbergsbodens erfolgt, muss daher die Nährstoffbilanz kontrolliert werden, um eine Überdüngung zu vermeiden. Nährstoffentzug entsteht nicht nur durch Auswaschung bei Niederschlägen, sondern auch durch Wind- und Wassererosion. Im ökologischen Weinbau wirken die Winzer mit einer temporären und Dauerbegrünung diesem Effekt entgegen. Beim konventionellen Weinbau tritt dieses Phänomen häufiger auf. Oftmals wird im Anschluss an das Lockern des Bodens viel oberflächlich erodiert (vgl. VOGT 2000).
Beim Düngen wird zwischen den mineralischen und den organischen Düngemittel unterschieden. Zu den Mineralischen zählen zum Beispiel Stickstoff-, Phosphat-, Magnesium-, Kalium- und Kalkdünger. Stickstoff liegt im Boden als organische Verbindung in Form von Humus, Bodenlebewesen und Wurzeln vor. Nitrat kann leicht durch Pflanzen aufgenommen, aber auch leicht ausgewaschen werden. Im Boden wird es erst nach einer Umsetzung durch im Boden befindliche Organismen für die Pflanze verfügbar. Eiweiß und Aminosäuren werden bei diesem Vorgang in Ammonium umgewandelt und dies kann bei guter Durchlüftung des Bodens in Nitrat oxidiert werden.
Phosphor liegt in zweierlei Formen vor. Entweder als anorganisch oder organisch gebundenes Phosphat. Die Menge die dem Boden zugeführt wird sollte abhängig gemacht werden von der aktuellen Phosphatkonzentration und dem pH-Wert im Boden. Nach jahrelanger Phosphatdüngung und geringen Auswaschungsraten, sind die meisten Böden ausreichend versorgt und es kann einige Jahre auf eine zusätzliche Phosphatdüngung verzichtet werden.
Der Kaliumgehalt im Boden ist abhängig vom Tongehalt, da Kalium hauptsächlich an Tonminerale und Humus gebunden ist. Wichtige Kalium-Lieferanten sind Feldspate und Glimmer. Kaliummangel tritt besonders in trockenen Jahren und auf kalkreichen Böden auf. Ähnlich wie Kalium wird auch Magnesium aus Mineralen freigesetzt. Eine Magnesiumquelle ist zum Beispiel Dolomit. Böden aus Sandstein oder Löss- und Muschelkalkstandorte leiden häufig unter Magnesiummangel. Magnesium- und Kalium-Mangelerscheinungen wird mit ausreichender Düngung entgegengewirkt. Kalk wird den

Böden zur Neutralisierung und zur Verbesserung der Krümelstruktur des Gefüges zugeführt. Die Kalkung des Bodens erfolgt etwa alle drei Jahre (vgl. VOGT 2000).
Mineralische Düngemittel werden auch im Öko-Weinbau eingesetzt. Zurückgegriffen wird auf diese jedoch erst, falls die organische Düngung des Weinbergs nicht ausreichend ist.
Zu den organischen Düngemitteln zählen unter Anderem Traubentrester, Rindenmulch, Stroh, Kompost und Stallmist. Ziele der organischen Düngung sind in Steillagen der Schutz vor Bodenerosion, aber auch die Anreicherung mit Nährstoffen und der Erhalt der Bodenfruchtbarkeit. Traubentrester entsteht bei der Weinlese. Nach dem Pressen bleiben mit dem Stielgerüst, den Traubenkernen und den Beerenhäuten rund 20% Tresterrückstände zurück. Traubentrester enthält sehr viel organische Substanz und Kalium, und eignet sich deshalb hervorragend für die Düngung des Weinbergbodens. Mit Hilfe des Grubbers wird die Masse in den Boden eingearbeitet. Rindenmulch aus Baumrinden enthält wenige umweltbelastende Stoffe und wird daher gerne im Weinberg als Erosionsschutz eingesetzt. Stroh ist ebenfalls sehr wirksam gegen Erosion in Steillagen. Die Abdeckung des Bodens wirkt außerdem der Wasserverdunstung entgegen und unterstützt das Wasserspeichervermögen. Stallmist aus Viehhaltung verbessert die Bodenstruktur und ist ein gutes Düngemittel für die Nährstoffversorgung. Der Nähstoffgehalt im Mist variiert je nach Tierfütterung, Lagerung und Wassergehalt. Nach der Verwendung von Stallmist kann im darauffolgenden Jahr auf eine zusätzliche N-Düngung verzichtet werden, da die N-Freisetzung aus Mist über mehrere Jahre erfolgt (vgl. VOGT 2000).
Abschließend kann man feststellen, dass es viele unterschiedliche Ziele und Gründe für Düngung gibt. Die Nährstoffversorgung soll für die Rebe gesichert werden, um sie lange zu erhalten. Außerdem unterstützt die Düngung die Weinqualität und sorgt für eine ausgewogene Versorgung der Trauben mit Nährstoffen (vgl. VOGT 2000).

4.2.3 Pflanzenschutz

Der Pflanzenschutz ist für die Sicherung der Erträge im Weinbau sehr wichtig. Krankheiten und Schädlinge gibt es viele, oftmals sind die Ursachen für ihr Auftreten nicht bekannt. Dennoch wurden Methoden entwickelt, um schädliche Organismen zu vertreiben. Ähnlich wie in ökologischen Betrieben setzen auch konventionelle Winzer

Pheromone gegen den Traubenwickler oder Netze zum Schutz gegen Vögel ein (vgl. VOGT 2000).

Abbildung 18: Vogelschutznetze
Quelle: Eigene Darstellung

Häufig werden jedoch auch weniger umweltschonende Mittel wie Herbizide, Fungizide oder Insektizide eingesetzt. Im Gegensatz zu früher gibt es heute für die konventionellen Winzer gesetzliche Definitionen, die nur bestimmte Mittel oder Mengen erlauben, sodass auch hier ein gewisser umweltschonender Weinbau gewährleistet wird. Schädlinge der Weinrebe und witterungsbedingte Schäden mindern den Ertrag. Pflanzenschutzmittel helfen den Ertrag zu erhalten oder sogar zu steigern. Die meisten Schädlinge sind Pflanzenfresser und führen nach massenhafter Vermehrung zu einer nachhaltigen Schädigung der Rebe. Das Vorkommen von Nützlingen ist der Dezimierung der Schädlinge ebenfalls förderlich. Unter dem Begriff Nützling versteht man in diesem Fall Lebewesen, welche für die Rebe gefährlichen Organismen fressen. Der natürliche Kreislauf des Räuber-Beute-Prinzips trägt zu einem umweltschonenden Pflanzenschutz bei. Unter unerwünschten Krankheiten und Schädlingen gibt es eine Pilzkrankheit, die für die Qualität des Weins eine besondere Bedeutung hat. Sie hat im ökologischen sowie im konventionellen Weinbau den gleichen Status. Botrytis, oder Edelfäule genannt, ist ein Grauschimmel, der insbesondere die Trauben befällt (vgl. VOGT 2000).

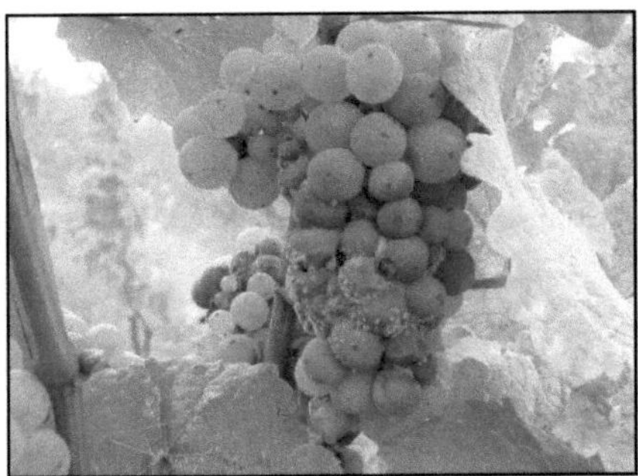

Abbildung 19: Botrytis
Quelle: Eigene Darstellung

Diese Edelfäule kann zur Qualitätssteigerung der Weine führen. Aus befallenen Trauben können besondere süße Auslesen gewonnen werden. Bei Befall der noch unreifen Traube kann die Fäule aber auch zu einer Minderung der Qualität führen.

Der Pflanzenschutz hat in der Zeit des Klimawandels an immer größerer Bedeutung gewonnen, da dieser die Entwicklung und Vermehrung von Pilz- und Bakterienkrankheiten zunehmend begünstigt (vgl. VOGT 2000).

5 Methoden

Im nachfolgenden Kapitel werden die Aufnahmemethoden und die Vorgehensweise zur Ermittlung der Ergebnisse dargestellt.

5.1 Geomorphologische Kartierung

Die geomorphologische Kartierung erfolgte im Zeitraum Juli 2011 bis September 2011. Das Untersuchungsgebiet ist geprägt durch geomorphologische Prozesse und einige regionale Besonderheiten. Zum Messen der Hangneigung und der Exposition wurde ein Geologenkompass verwendet. Diese Angaben finden sich in den Tabellen der Vegetationskartierung. Aus Gründen der Übersichtlichkeit wurden Hangneigung und Exposition der Untersuchungsflächen nicht in die geomorphologische Karte aufgenommen. Die Symbole für die Geomorphologie wurden der Legende der Geomorphologischen Karte 1:25.000 entnommen.

5.2 Bodenkartierung

Die Kartierung der Böden wurde im Zeitraum Juli 2011 bis September 2011 durchgeführt. Vor der Detailkartierung im Gelände wurde eine Konzeptkarte mit den bereits zur Verfügung stehenden Informationen erstellt. Für die Konzeptkarte standen die Topographische Karte 1:25.000 Blatt 6305 Saarburg und eine Weinbergsbodenkarte von Rheinland-Pfalz 1:10.000 zur Verfügung. Die erarbeiteten Informationen dienten als Arbeitsgrundlage für die weitere Feldarbeit. Viele Merkmale lassen sich im Gelände mit einfachen Mitteln beobachten. Sie geben erste Hinweise auf die Entstehung des Bodens und sein Verhalten unter der Bewirtschaftung, ohne dass Profile gegraben werden müssen. Mit Hilfe eines Pürckhauers (Länge 1m) wurden Bodenproben genommen. Im Gelände wurden mittels der „Fingerprobe“ die Bodenarten und die Bodentypen der Versuchsflächen festgestellt. Dazu wurde der Bestimmungsschlüssel der BKA (2005, S. 142) verwendet.

5.3 Vegetationskartierung

Die Erfassung der Pflanzengemeinschaften erfolgte im Zeitraum März 2011 bis August 2011. Aufgrund der unterschiedlichen Blütezeiten wurde die Vegetationsaufnahme mehrmals durchgeführt bzw. die Spätblühenden in den Tabellen lediglich ergänzt. Die Idee zur Kartierung von Weinbergsvegetation entstand im Zuge eines Praktikums beim NABU Region Trier und dem Weingut Dr. Frey in Kanzem. Die Erfassung der Pflanzengemeinschaften erfolgte mittels einer Abundanzmessung nach Braun-Blanquet. Abundanz bezeichnet die Populationsdichte eines Individuums innerhalb einer Raumeinheit. Zu Beginn wird in der Weinbergsparzelle eine Fläche von vier mal acht Metern festgelegt, die sogenannte Quadratmethode. Anschließend wird der gesamte Deckungsgrad des Bodens geschätzt. Innerhalb dieser Fläche werden alle Pflanzen aufgenommen, bis keine neue Art mehr erfasst werden kann. Anschließend kann den Pflanzen mit der klassischen Braun-Blanquet-Tabelle eine Zahl zugewiesen werden, die die Häufigkeit der Pflanze innerhalb der abgesteckten Fläche angibt. Dies wird in Abhängigkeit von der Gesamtbedeckung geschätzt.

5	mehr als 3/4 der Fläche deckend, Individuenzahl beliebig
4	1/2 - 3/4 der Fläche deckend, Individuenzahl beliebig
3	1/4 - 1/2 der Fläche deckend, Individuenzahl beliebig
2	1/20 - 1/4 deckend oder sehr zahlreich bei geringem Deckungsgrad
1	reichlich, aber mit geringem Deckungsgrad oder ziemlich spärlich, aber mit größerem Deckungsgrad
+	spärlich, mit sehr geringem Deckungsgrad
r	ganz vereinzelt (meist nur ein Exemplar)

Abbildung 20: Klassische Braun-Blanquet Tabelle
Quelle: Eigene Darstellung

Nach der Aufnahme im Gelände werden die Pflanzen in einer Tabelle gegliedert und Zeigerwerte nach Ellenberg zugewiesen. Diese geben Aufschluss über die Wachstumsfaktoren wie Licht, Temperatur, Feuchte und Stickstoffverfügbarkeit, auf welche die

Pflanze angewiesen ist. Die Zeigerwerte dienen einer raschen Charakterisierung von Standorten.

5.4 Regenwurmpopulation

Die Zählung von Regenwürmern fand am 08.08.2011 nach einer längeren Regenperiode statt, sodass der Oberboden relativ feucht war. Für die Zählung wird je Variante (ökologisch/konventionell) und Weinbergslage je zwei Probeflächen von 1x1m Größe abgesteckt. Anschließend wird der Boden bis in ca. 50cm Tiefe ausgehoben und auf einer Plane ausgebreitet. Alle innerhalb des Bodenausschnittes vorkommenden Regenwürmer werden gezählt und schließlich wieder in die Erde zurückgesetzt. Aus beiden Zählungen je Fläche wird die Standardabweichung berechnet und ein Mittelwert gebildet.

Lebensraum der Regenwürmer ist der Boden. Die Gesamtheit aller Lebewesen im Boden wird als Edaphon bezeichnet. Diese Gemeinschaft setzt sich aus Bodenflora und Bodenfauna zusammen. Das Edaphon wird überwiegend von pflanzlichen Bodenorganismen bestimmt, der Bodenflora. Die Bodenfauna macht nur ca. 20% aus. Von diesen 20% sind etwa 12% Regenwürmer. Sie sind ein wichtiger Bestandteil im Boden, da sie zur Steigerung der Bodenfruchtbarkeit einen besonderen Betrag leisten. Sie verarbeiten die Biomasse von Laub etc. zu Humus und schaffen Makroporen im Boden, die bis in große Tiefen reichen und die Wasserinfiltration und den Gasaustausch im Boden begünstigen. Regenwurmreiche Böden weisen somit in der Regel einen ausgeglicheneren Wasserhaushalt auf. Gerade in anthropogen genutzten Böden ist die Existenz von Regenwürmern von Bedeutung, da es durch Bodenbearbeitung zu einer ständigen Veränderung chemischer und physikalischer Bodeneigenschaften kommt. Je nach Standort ist die Individuenzahl unterschiedlich. Hierbei kann zwischen anthropogen genutzten Böden wie Wein- und Ackerböden sowie Wald und Wiese unterschieden werden. Böden, in denen weniger Bewegung herrscht, weisen eine deutlich höhere Population auf, da die Regenwürmer sich dort ungestört vermehren können und dort die organische Masse wesentlich höher ist (vgl. HOFMANN 1995).

6 Ergebnisse und Auswertung

6.1 Geomorphologische Kartierung

Die geomorphologische Karte zeigt die Strukturen der Untersuchungsflächen und ihrer Umgebung. Stufen, Böschungen und Kanten sind häufig anthropogen bedingt. Für den Weinbau wurden in den Weinbergen zahlreiche Wege angelegt und mit Weinbergsmauern befestigt. Die geomorphodynamischen Prozesse sind teilweise als eher unnatürlich anzusehen, da die ständige Bewirtschaftung zu geländeverändernden Entwicklungen führte. Das Relief wurde durch die Maßnahmen der Flurbereinigung stark verändert. Für die Weinbaukultur wurden Unregelmäßigkeiten mit Bodenmaterial aufgefüllt. Erosionsformen wie Rillen- oder Rinnenspülungen werden durch die Bearbeitung der Rebzeile in Gefällsrichtung bedingt. Nach Starkregenereignissen werden diese besonders sichtbar. Von den Winzern werden diese Rillen oftmals mit Boden verfüllt. Die Abspülungsprozesse sind jedoch geringer als sie bei Hangneigungen zwischen 20 und 35% zu erwarten wären. Der hohe Skelettgehalt der Schieferböden erhöht die Infiltration und verringert die Erosion (vgl. MÜLLER 1984).

6.2 Bodenkartierung

Die Bodenarten im Untersuchungsgebiet variieren zwischen sandigem Lehm (Ls2) und schluffigem Ton (Lu). Das sandige Material stammt aus fluviatilen Ablagerungen im Zuge der Terrassenbildung der Saar. Der Oberboden zeichnet sich durch seinen hohen Skelettreichtum aus. Die wärmespeichernden Schiefer sind das ideale Ausgangsgestein für den Weinbau. Die Kartierung der Bodentypen bestätigt die im Weinbau zu erwartenden Rigosole und Kolluvisole. Die Böden am Hangfuss bestehen aus einer Kombination von Rigosolen und Kolluvisolen aus Schuttlehm über anstehendem Schiefer aus dem Devon. An Mittel- und Oberhang herrschen die Rigosole aus Schutt über anstehendem Schiefer vor.

6.3 Vegetationskartierung

Vergleicht man die Weinbergsvegetation der untersuchten konventionellen und ökologischen Flächen, so ergeben sich hinsichtlich der Artenvielfalt und dem Gesamtbedeckungsgrad wesentliche Unterschiede.

Die Untersuchungsfläche am Jesuitenberg wurde in Unterhang, Mittelhang und Oberhang eingeteilt. In der ökologischen Parzelle am Unterhang treten vermehrt *Veronica persica* und *Fragaria vesca L.* auf. Sie sind klassische Stickstoffzeiger und weisen zudem auf eine hohe Sonneneinstrahlung hin, da sie genau wie *Cirsium arvense* viel Licht benötigen. Zu den vorkommenden Stickstoffzeigern zählen außerdem *Cardamine hirsuta, Geranium pyrenaicum* und *Taraxacum officiale. Ranunculus auricomus* ist ein Zeiger für warme und nährstoffreiche Gebiete. Der Mittelhang unterscheidet sich hinsichtlich der Vegetation nur geringfügig vom Unterhang. Der Gesamtdeckungsgrad liegt ebenfalls bei ca. 40%. Hier liegt der Verbreitungsschwerpunkt auf *Trifolium repens L.* und *Sedum album. Sedum album* ist Zeiger für warme und nährstoffreiche Standorte. Außerdem gesellen sich *Europhila verna* und einige Gräser hinzu. Alle diese Arten sind sehr lichtliebend. Zum Oberhang hin nimmt die Gesamtbedeckung etwas ab, sie liegt hier bei ca. 20%. Dazu muss erwähnt werden, dass es sich hierbei um eine neugepflanzte Weinbergsparzelle von 2006 handelt. Es treten ähnlich wie an Mittel- und Unterhang die Stickstoffzeiger *Taraxacum officiale, Cirsium arvense* und *Cardamine hirsuta* auf. Der Lichtzeiger *Sedum album* und die wärmeliebende *Ranunculus auricomus* sind ebenfalls ein Bestandteil der Weinbergsvegetation (siehe Anhang Tabelle 2). Die zweite Kartierung wurde ca. zwei Wochen später durchgeführt. Im Vergleich zur ersten Kartierung hat der Deckungsgrad in allen drei ökologischen Flächen zugenommen (siehe Anhang Tabelle 3). Es kamen jedoch keine neuen Pflanzenarten mehr hinzu (vgl. KOSMOS NATURFÜHRER 2010).

Im Gegensatz zu den ökologischen Flächen weisen die konventionellen Parzellen am Jesuitenberg einen deutlich geringeren Gesamtdeckungsgrad auf. An Unter-, Mittel- und Oberhang liegt die Vegetationsdichte bei ca. 10%. Die Pflanzenarten sind nahezu deckungsgleich, es gesellen sich lediglich zwei neue Arten hinzu. Der *Pastinaca savita L.* und die *Verbascum thapsus* stehen laut ELLENBERG für Lichtpflanzen, die sehr wärmebedürftig sind und Trockenheit sehr gut ertragen können. Nach der zweiten Kartierung ist die Gesamtbedeckung nicht gestiegen, er liegt weiterhin bei ca. 10% (siehe Anhang Tabelle 2 und 4).

Abbildung 21: Konventionelle und ökologische Parzelle am Jesuitenberg
Quelle: Eigene Darstellung

Anhand der Bilder werden die Unterschiede zwischen ökologischen und konventionellen Parzellen sehr gut deutlich. Links die konventionelle Wirtschaftsmethode, gekennzeichnet durch offenen Boden; und rechts die ökologische, die sich durch eine begrünte Fläche auszeichnet. Diese Vegetation wirkt der Bodenerosion und dem Bodendruck der Maschinen entgegen.

Am Sonnenberg wurden eine ökologische und eine konventionelle Parzelle am Mittelhang untersucht. Die ökologische Fläche weist eine Gesamtbedeckung von ca. 60% auf, wohingegen der konventionelle Bereich nur bei ca. 30% liegt. Der Artenreichtum ist in der ökologischen Anbaufläche wesentlich höher als bei der konventionellen Variante. Die Stickstoffzeiger *Cardamine hirsuta, Cirsium arvense, Geranium pyrenaicum, Lamium purpureum, Senecio vulgaris, Taraxacum officiale, Verbascum thapsus* und *Veronica persica* sind in der ökologischen Parzelle vertreten. Zu den Stickstoffzeigern gesellen sich die Lichtpflanzen *Achillea ptarmica, Fragaria vesa L., Pastinaca savita L., Plantago lanceolata L., Trifolium repens* und *Vicia sepium.* Die konventionelle Parzelle weist ebenfalls die Stickstoffzeiger *Cardamine hirsuta, Cirsium arvense, Lamium purpureum, Senecio vulgaris, Taraxacum officiale* und *Veronica persica* auf. Ähnlich der ökologischen Parzelle kommen auch die Lichtpflanzen *Fragaria vesa L., Ranunculus auricomus* und *Vicia sepium* vor. Die relativ hohe Artenanzahl in der konventionellen Vergleichsparzelle kann auf die leichte Begrünung der Rebzeile zurückzuführen sein. Nach der zweiten Kartierung hat der Deckungsgrad in beiden Parzellen leicht zugenommen hat (vgl. KOSMOS NATURFÜHRER 2010).

Abbildung 22: Konventionelle und ökologische Parzelle am Sonnenberg
Quelle: Eigene Darstellung

Ähnlich den Parzellen am Jesuitenberg kann man auch am Sonnenberg den Unterschied zwischen der ökologischen und konventionellen Bewirtschaftung sehr gut sehen. Der konventionelle Winzer lässt seine Reihen geringfügig begrünt, der Bereich um die Rebe herum wird jedoch großzügig freigehalten. In der ökologischen Parzelle herrscht zwischen den Reben reger Bewuchs, welcher den Deckungsgrad von ca. 60% im Bild eindrucksvoll veranschaulicht (siehe Anhang Tabellen 5, 6, 7 und 8).

Die dritte und letzte Untersuchungsfläche befindet sich am Wiltinger Schlangengraben. Hier weisen die ökologischen und konventionellen Flächen gravierende Unterschiede auf. Die nach ökologischen Richtlinien bewirtschaftete Parzelle ist zu ca. 40% von Pflanzen bedeckt, die konventionelle hingegen nur zu 2%. Dies wirkt sich auf die Vielfalt der Arten aus. In der konventionellen Rebzeile wächst *Senecio vulgaris*, das gewöhnliche Geiskraut. Diese zu den Korbblütengewächsen zählende Pflanze ist ein Zeiger für besonders stickstoffreiche Böden (vgl. KOSMOS NATURFÜHRER 2010). In der ökologischen Untersuchungsfläche zählen *Cirsium arvense, Geranium pyrenaicum, Matricaria discoidea, Solidago canadensis* und *Trifolium repens L.* zu den Lichtpflanzen. Neben den Lichtpflanzen treten folgende Stickstoffzeiger auf: *Cardamine hirsuta, Euphorbia helioscopia, Lamium purpureum, Senecio vulgaris, Urtica dioica* und *Vicia sepium.* Mit einer Abundanz von ca. 2 nach Braun-Blanquet treten vermehrt verschiedene Gräser zwischen den Reihen auf. Inmitten dieser Artenvielfalt gesellt sich eine zu den Rosengewächsen zählende *Rubus fruticosus* hinzu. Begünstigt wird der Artenreichtum durch die direkte Lage an einem Naturschutzgebiet (vgl. KOSMOS NATURFÜHRER 2010). Nach der zweiten Kartierung hat die

Bedeckung in beiden Flächen zugenommen. In der ökologischen Parzelle liegt der Wert bei 65% und die Konventionelle ist auf 10% gestiegen. Neben den gestiegenen Deckungsgraden hat gerade in der konventionellen Weinbergsparzelle die Artenzahl zugenommen. Neben dem gewöhnlichen Geiskraut haben sich *Galium aparine, Urtica dioica* und *Veronica persica* angesiedelt. In der ökologisch bewirtschafteten Fläche sind zusätzlich *Lupinus polyphyllus, Myosurus minimus L.* und *Taraxacum officiale* nachgewiesen worden (siehe Anhang Tabellen 9 und 10).

Abbildung 23: Konventionelle und ökologische Parzelle am Schlangengraben
Quelle: Eigene Darstellung

Die Bilder machen die Unterschiede zwischen den beiden Wirtschaftweisen deutlich.

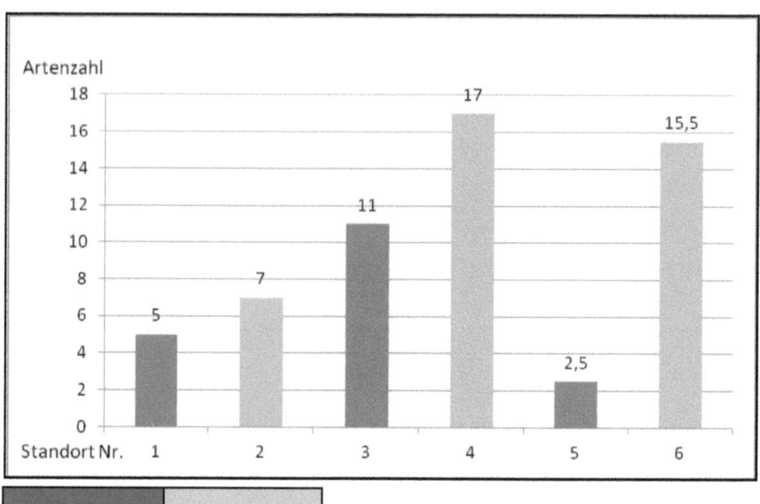

Abbildung 24: Durchschnittliche Artenzahl je Standort
Quelle: Eigene Darstellung

Die Standorte eins und zwei befinden sich am Wawerner Jesuitenberg, drei und vier am Kanzemer Sonnenberg und die Standorte fünf bzw. sechs am Wiltinger Schlangengraben. Abbildung 24 macht die Unterschiede in der Bewuchsdichte deutlich. Alle konventionellen Flächen werden von verschiedenen Winzern bewirtschaftet. Hinsichtlich der Begrünung der Reihen arbeiten alle ähnlich. Sie lassen den Weinbergsboden offen und versuchen die Konkurrenzsituation zwischen der Rebe und anderen Pflanzengesellschaften zu vermeiden. Die mechanische Bodenbearbeitung und der Einsatz von Herbiziden tragen möglicherweise zur Dezimierung der Artenzahl bei. Häufige und tiefe Bodenbearbeitung schadet der Flora. Positiv zu bewerten ist die intensive Begrünung der ökologischen Flächen. Der Bewuchs dient nicht nur dem Bodenschutz und der Verbesserung der Bodenstruktur, sondern wirkt gleichzeitig der Nährstoffauswaschung entgegen. Eine botanische Vielfalt im Weinberg wirkt sich außerdem auf die Artenvielfalt der Tiere aus. Sie können zur natürlichen Regulierung der Schädlingspopulationen beitragen. Der ökologische Weinbau trägt zu Erhalt der schützenswerten Weinbergsflora bei (vgl. HOFMANN 1995).

6.4 Regenwurmpopulation

Die Untersuchung der Regenwurmpopulation zeigte, dass in den untersuchten ökologisch bewirtschafteten Weinbergsböden wesentlich mehr Regenwurmaktivität herrscht als in den konventionellen Vergleichsflächen. Die ökologische Bewirtschaftung begünstigt demnach die Ansiedlung von Regenwürmern. Dies ist vermutlich auf den Verzicht auf chemische und synthetische Dünge- und Pflanzenschutzmittel und die Begrünung zurückzuführen. Regenwürmer zählen aufgrund ihrer Empfindlichkeit gegenüber Umwelteinflüssen als zentrale Bioindikatoren im Boden. Verringert sich die Artenvielfalt und Populationsgröße der Würmer, so kann davon ausgegangen werden, dass es zu einer Änderung des Bodenlebensraums gekommen ist. Dies kann unter anderem durch Witterungsbedingungen oder pflanzenbauliche Maßnahmen geschehen (vgl. PETERS 1986).

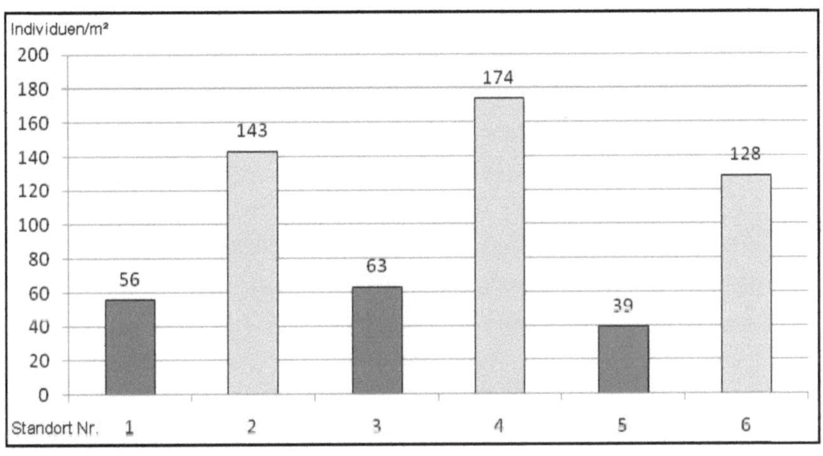

Abbildung 25: Regenwurmpopulation
Quelle: Eigene Darstellung

Abbildung 25 gibt die aufgenommene Anzahl an Individuen je m² wieder. Die Standorte eins und zwei befinden sich am Wawerner Jesuitenberg, drei und vier am Kanzemer Sonnenberg und die Standorte fünf bzw. sechs am Wiltinger Schlangengraben. Wie in Abbildung 25 zu erkennen ist, sind Regenwürmer in den ökologischen Flächen mit deutlich höherer Anzahl vertreten. Die konventionellen Flächen weisen mit 56, 63 und 39 Individuen pro m² eine sehr niedrige Regenwurmaktivität auf. Der Einsatz von chemischen und synthetischen Dünge- und Pflanzenschutzmitteln, die mehrmals pro Jahr in den Flächen ausgebracht werden, dezimieren den Regenwurmbestand deutlich. Regenwürmer fühlen sich in Böden mit hohem Biomassegehalt wohler als in humusarmen Böden. Zudem werden die Böden der konventionellen Flächen häufiger gepflügt und somit aufgelockert. Die Regenwürmer werden dadurch in ihrem Lebensraum gestört. Im Vergleich dazu ist die Regenwurmaktivität mit 143, 174 und 128 in den ökologischen Parzellen deutlich höher. Die Reihen sind fast das ganze Jahr über begrünt, sodass der Oberboden hier wesentlich mehr Biomasse aufweist. Der reduzierte Einsatz von Dünge- und Pflanzenschutzmitteln unterstützt die positive Entwicklung der Regenwurmpopulation. Die ökologisch bewirtschafteten Parzellen werden regelmäßig gemäht. Anschließend wird das Mähgut in den Boden eingebracht und von den Regenwürmern verarbeitet. Durch das Einbringen von organischen Düngern wie Stallmist wird die Regenwurmvermehrung in den ökologischen Parzellen zusätzlich gefördert. Für das Wachstum der Rebe sind die Regenwurmgänge im Boden besonders wichtig. Sie erleichtern das Eindringen der Wurzeln und regeln den Wasserhaushalt. Bei starken Niederschlägen kann das Wasser schneller infiltrieren. Erosionsraten sind in den Parzellen des ökologischen Weinbaus deutlich niedriger. In der Tat kann man feststellen, dass sich die ökologische Wirtschaftsweise durch eine höhere Abundanz und Biomasse der Regenwurmpopulation auszeichnet. Die ökologische Wirtschaftsweise lässt daher die Ausbildung einer stabilen Regenwurmpopulation zu (vgl. PFIFFNER 1993).

7 Fazit

Der Vergleich der konventionellen und ökologischen Bewirtschaftungsweisen hat verschiedene Unterschiede ergeben. In Bezug auf die Bewirtschaftung ist das Ziel der ökologischen Methode eine umweltschonende Arbeitsweise. Damit diese umgesetzt werden kann, wird im Vergleich zum konventionellen Weinbau auf chemisch-synthetische Pflanzenschutzmittel und Dünger verzichtet. Im ökologischen Weinbau werden vermehrt organische Dünge- und Pflanzenschutzmittel eingesetzt. Mineralische Dünger finden eher in der konventionellen Bewirtschaftung Verwendung. Die intensive Humuswirtschaft des Ökoweinbaus soll zur Steigerung der Bodenfruchtbarkeit beitragen. Der ökologische Winzer arbeitet in seinen Parzellen mit intensiver Begrünung. Diese vermindert die Erosion und die Nährstoffauswaschung, gleichzeitig ist die Verbesserung des Bodenlebens und der Bodenstruktur gegeben. Das reiche Blütenangebot, welches die Begrünung bewirkt, dient zudem der Förderung der Nützlinge im Weinberg. Der Pflanzenschutz des ökologischen Weinbaus setzt auf pflanzliche und mineralische Öle, die die natürliche Widerstandsfähigkeit der Rebe unterstützen sollen. Im konventionellen Weinbau kommen chemische Pflanzenschutzmittel zum Einsatz. Das Wachstum der Rebe steht hier oftmals im Vordergrund. Mit Herbiziden wird in den Rebzeilen das Unkraut dezimiert. Die Bodenbearbeitung weist in der konventionellen Methode einen größeren Maschineneinsatz auf. Schwere Maschinen erhöhen den Druck auf den Boden und können zur Verdichtung führen. Der ökologische Winzer setzt nach jeder Lockerung und Bearbeitung des Bodens auf eine Aussaat neuer Pflanzen, um zum Erhalt der Artenvielfalt beizutragen.

Die Vegetationskartierung zeigte ebenfalls wesentliche Unterschiede zwischen ökologischem und konventionellem Weinbau. Allgemein konnte festgestellt werden, dass der Bedeckungsgrad in den ökologischen Rebflächen deutlich höher ist. Dies könnte zum einen auf die Begrünung der Rebzeilen und auf den Verzicht von Herbiziden zurückzuführen sein. Die Untersuchung der Regenwurmpopulation ergab ähnliche Ergebnisse. Die Regenwurmaktivität ist in den ökologischen Parzellen wesentlich höher als in den konventionellen. Die seltenere Bodenbearbeitung und der Verzicht auf chemisch-synthetische Pflanzenschutzmittel könnte die Ursache dafür sein.

Abschließend kann die ökologische Wirtschaftsweise in Bezug auf einen umweltschonenden Umgang mit Boden und Wasser positiv bewertet werden. Das gestiegene Umweltbewusstsein der Menschen wird wahrscheinlich in den nächsten Jahren dazu führen, dass sich der ökologische Weinbau weiter verbreitet und der Ökowein mehr in den Vordergrund rückt.

8 Anhang

8.1 Geomorphologische Karte 1:25.000

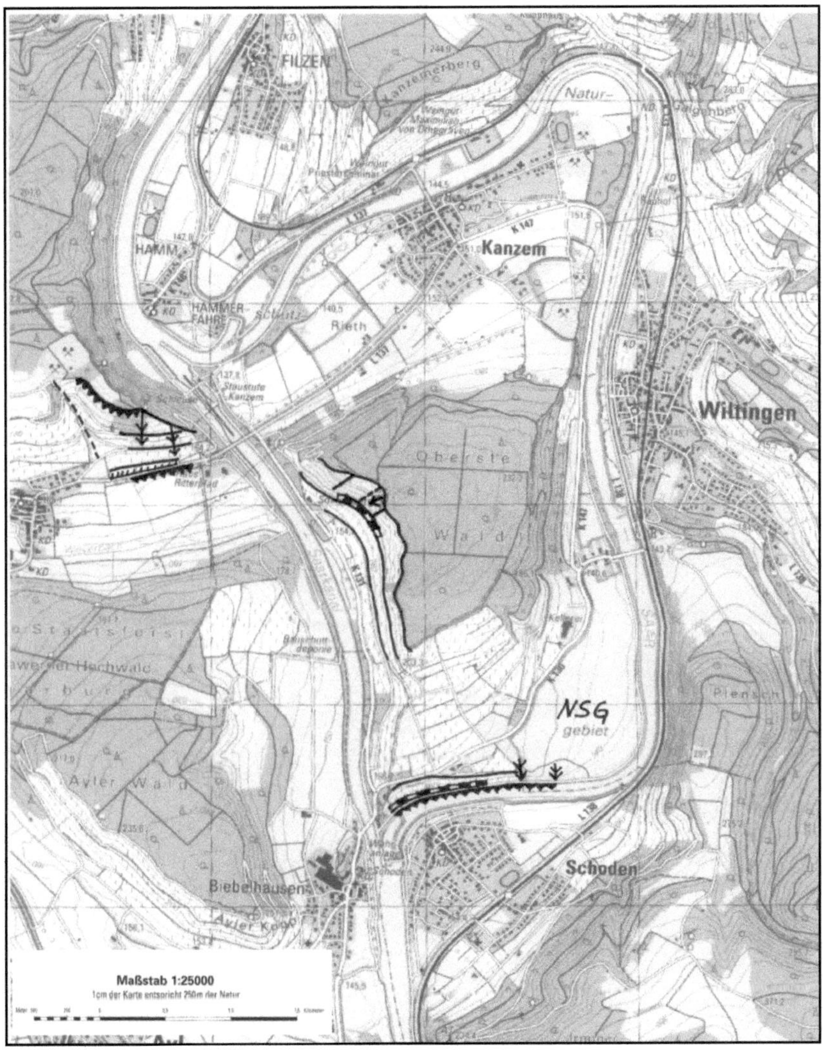

Kartiervorlage: Topographische Karte 1:25.000, Blatt 6305 Saarburg

Geomorphologische Legende:

1. Wölbungen

konvex

konkav

2. Stufen, Kanten und Böschungen

Stufenhöhe

> 0 – 1m

> 1 – 5m

Weinbergsmauer

3. Tiefenlinien

kerbförmige Tiefenlinie

4. Geomorphodynamische Prozesse

Rinnenspülung

5. Ergänzende Angaben

Naturschutzgebiet NSG

8.2 Weinbergsbodenkarte 1:25.000

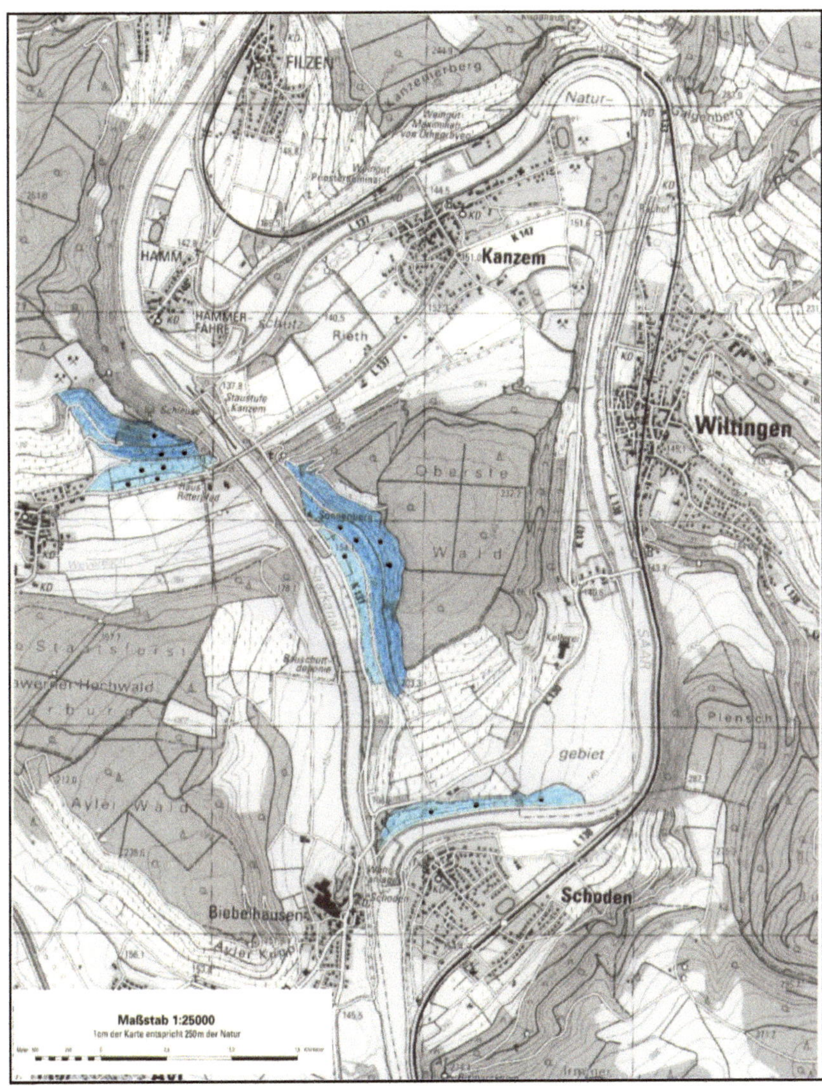

Kartiervorlage: Topographische Karte 1:25.000, Blatt 6305 Saarburg

Legende:

Rigosol-Kolluvisol aus Schuttlehm über anstehendem Schiefer (Devon)

Rigosol aus Schutt über anstehendem Schiefer (Devon)

Bohrpunkte ●

8.3 Vegetationskartierung

8.3.1 Jesuitenberg 16.03.2011

8.3.1.1 Ökologischer Weinbau

Tabelle 2: Ökologischer Weinbau Jesuitenberg Unter-/Mittel-/Oberhang 16.03.2011

Unterhang, SE 15°

ökologische Bewirtschaftung

Art	Schicht	ADS	L	T	K	F	R	N	Deutscher Name
Cardamine hirsuta	K	1	6	6	3	5	5	7	Garten-Schaumkraut
Cirsium arvense	K	2	8	5	x	x	x	7	Acker-Kratzdistel
Geranium pyrenaicum	K	1	8	6	4	5	7	8	Pyrenäen-Storchenschnabel
Fragaria vesca L.	K	2	7	x	5	5	x	6	Wald-Erdbeere
Ranunculus auricomus	K	1	5	6	3	x	7	x	Gold-Hahnenfuß
Taraxacum officiale	K	1	7	x	x	5	x	8	Wiesen-Löwenzahn
Veronica persica	K	2	6	x	3	5	7	7	Persischer Ehrenpreis

Gesamtbedeckung ~ 40%

Mittelhang, SE 23,5°

ökologische Bewirtschaftung

Art	Schicht	ADS	L	T	K	F	R	N	Deutscher Name
Cardamine hirsuta	K	1	6	6	3	5	5	7	Garten-Schaumkraut
Cirsium arvense	K	1	8	5	x	x	x	7	Acker-Kratzdistel
Erophila verna	K	1	8	6	3	x	x	2	Frühlingshungerblümchen
Geranium pyrenaicum	K	1	8	6	4	5	7	8	Pyrenäen-Storchenschnabel
Fragaria vesca L.	K	1	7	x	5	5	x	6	Wald-Erdbeere
Sedum album	K	2	9	x	2	2	x	1	Weiße Fetthenne
Taraxacum officiale	K	1	7	x	x	5	x	8	Wiesen-Löwenzahn
Trifolium repens L.	K	3	8	x	x	5	6	6	Weiß-Klee
Veronica chamaedrys	K	1	6	5	3	5	7	6	Gamander Ehrenpreis
	K	r							Gräser

Gesamtbedeckung ~ 40%

Oberhang, SE 23°

ökologische Bewirtschaftung

Art	Schicht	ADS	L	T	K	F	R	N	Deutscher Name
Cardamine hirsuta	K	1	6	6	3	5	5	7	Garten-Schaumkraut
Cirsium arvense	K	1	8	5	x	x	x	7	Acker-Kratzdistel
Ranunculus auricomus	K	2	5	6	3	x	7	x	Gold-Hahnenfuß
Sedum album	K	+	9	x	2	2	x	1	Weiße Fetthenne
Taraxacum officiale	K	+	7	x	x	5	x	8	Wiesen-Löwenzahn

Gesamtbedeckung ~ 20%

8.3.1.2 Konventioneller Weinbau

Tabelle 3: Konventioneller Weinbau Jesuitenberg Unter-/Mittel-/Oberhang 16.03.2011

Unterhang, SE 15°

konventionelle Bewirtschaftung

Art	Schicht	ADS	L	T	K	F	R	N	Deutscher Name
Cardamine hirsuta	K	1	6	6	3	5	5	7	Garten-Schaumkraut
Geranium pyrenaicum	K	1	8	6	4	5	7	8	Pyrenäen-Storchenschnabel
Fragaria vesca L.	K	1	7	x	5	5	x	6	Wald-Erdbeere
Ranunculus auricomus	K	1	5	6	3	x	7	x	Gold-Hahnenfuß

Gesamtbedeckung ~ 10%

Mittelhang, SE 23°

konventionelle Bewirtschaftung

Art	Schicht	ADS	L	T	K	F	R	N	Deutscher Name
Cardamine hirsuta	K	1	6	6	3	5	5	7	Garten-Schaumkraut
Cirsium arvense	K	1	8	5	x	x	x	7	Acker-Kratzdistel
Geranium pyrenaicum	K	1	8	6	4	5	7	8	Pyrenäen-Storchenschnabel
Pastinaca savita L.	K	+	8	6	5	4	8	5	Pastinak
Ranunculus auricomus	K	1	5	6	3	x	7	x	Gold-Hahnenfuß
Verbascum thapsus	K	+	8	x	3	4	7	7	Kleinblütige Königskerze

Gesamtbedeckung ~ 10%

Oberhang, SE 23°

konventionelle Bewirtschaftung

Art	Schicht	ADS	L	T	K	F	R	N	Deutscher Name
Cardamine hirsuta	K	1	6	6	3	5	5	7	Garten-Schaumkraut
Cirsium arvense	K	1	8	5	x	x	x	7	Acker-Kratzdistel
Geranium pyrenaicum	K	1	8	6	4	5	7	8	Pyrenäen-Storchenschnabel
Pastinaca savita L.	K	+	8	6	5	4	8	5	Pastinak
Ranunculus auricomus	K	1	5	6	3	x	7	x	Gold-Hahnenfuß
Taraxacum officiale	K	1	7	x	x	5	x	8	Löwenzahn

Gesamtbedeckung ~ 7%

8.3.2 Jesuitenberg 01.04.2011

8.3.2.1 Ökologischer Weinbau

Tabelle 4: Ökologischer Weinbau Jesuitenberg Unter-/Mittel-/Oberhang 01.04.2011

Unterhang, SE 15°

ökologische Bewirtschaftung

Art	Schicht	ADS	L	T	K	F	R	N	Deutscher Name
Cardamine hirsuta	K	1	6	6	3	5	5	7	Garten-Schaumkraut
Geranium pyrenaicum	K	1	8	6	4	5	7	8	Pyrenäen-Storchenschnabel
Fragaria vesca L.	K	2	7	x	5	5	x	6	Wald-Erdbeere
Ranunculus auricomus	K	1	5	6	3	x	7	x	Gold-Hahnenfuß
Sonchus arvensis L.	K	1	7	5	x	5	7	x	Acker-Gänsedistel
Taraxacum officiale	K	1	7	x	x	5	x	8	Wiesen-Löwenzahn
Veronica persica	K	2	6	x	3	5	7	7	Persischer Ehrenpreis

Gesamtbedeckung ~ 60%

Mittelhang, SE 23,5°

ökologische Bewirtschaftung

Art	Schicht	ADS	L	T	K	F	R	N	Deutscher Name
Cardamine hirsuta	K	1	6	6	3	5	5	7	Garten-Schaumkraut
Cirsium arvense	K	1	8	5	x	x	x	7	Acker-Kratzdistel
Erophila verna	K	1	8	6	3	x	x	2	Frühlingshungerblümchen
Geranium pyrenaicum	K	1	8	6	4	5	7	8	Pyrenäen-Storchenschnabel
Fragaria vesa L.	K	1	2	7	x	5	5	x	Wald-Erdbeere
Sedum album	K	2	9	x	2	2	x	1	Weiße Fetthenne
Taraxacum officiale	K	1	7	x	x	5	x	8	Wiesen-Löwenzahn
Trifolium repens L.	K	3	8	x	x	5	6	6	Weiß-Klee
Veronica chamaedrys	K	1	6	5	3	5	7	6	Gamander Ehrenpreis
	K	r							Gräser

Gesamtbedeckung ~ 50%

Oberhang, SE 23°

ökologische Bewirtschaftung

Art	Schicht	ADS	L	T	K	F	R	N	Deutscher Name
Cardamine hirsuta	K	1	6	6	3	5	5	7	Garten Schaumkraut
Cirsium arvense	K	1	8	5	x	x	x	7	Acker-Kratzdistel
Ranunculus auricomus	K	2	5	6	3	x	7	x	Gold-Hahnenfuß
Sedum album	K	+	9	x	2	2	x	1	Weiße Fetthenne
Taraxacum officiale	K	+	7	x	x	5	x	8	Wiesen-Löwenzahn

Gesamtbedeckung ~ 35%

8.3.2.2 Konventioneller Weinbau

Tabelle 5: Konventioneller Weinbau Jesuitenberg Unter-/Mittel-/Oberhang 01.04.2011

Unterhang, SE 15°

konventionelle Bewirtschaftung

Art	Schicht	ADS	L	T	K	F	R	N	Deutscher Name
Cardamine hirsuta	K	1	6	6	3	5	5	7	Garten-Schaumkraut
Geranium pyrenaicum	K	1	8	6	4	5	7	8	Pyrenäen-Storchenschnabel
Fragaria vesca L.	K	1	7	x	5	5	x	6	Wald-Erdbeere
Ranunculus auricomus	K	1	5	6	3	x	7	x	Gold-Hahnenfuß

Gesamtbedeckung ~ 10%

Mittelhang, SE 23°

konventionelle Bewirtschaftung

Art	Schicht	ADS	L	T	K	F	R	N	Deutscher Name
Cardamine hirsuta	K	1	6	6	3	5	5	7	Garten-Schaumkraut
Cirsium arvense	K	1	8	5	x	x	x	7	Acker-Kratzdistel
Geranium pyrenaicum	K	1	8	6	4	5	7	8	Pyrenäen-Storchenschnabel
Pastinaca savita L.	K	+	8	6	5	4	8	5	Pastinak
Ranunculus auricomus	K	1	5	6	3	x	7	x	Gold-Hahnenfuß
Verbascum thapsus	K	+	8	x	3	4	7	7	Kleinblütige Königskerze

Gesamtbedeckung ~ 10%

Oberhang, SE 23°

konventionelle Bewirtschaftung

Art	Schicht	ADS	L	T	K	F	R	N	Deutscher Name
Cardamine hirsuta	K	1	6	6	3	5	5	7	Garten-Schaumkraut
Cirsium arvense	K	1	8	5	x	x	x	7	Acker-Kratzdistel
Geranium pyrenaicum	K	1	8	6	4	5	7	8	Pyrenäen-Storchenschnabel
Pastinaca savita L.	K	+	8	6	5	4	8	5	Pastinak
Ranunculus auricomus	K	1	5	6	3	x	7	x	Gold-Hahnenfuß
Taraxacum officiale	K	1	7	x	x	5	x	8	Löwenzahn

Gesamtbedeckung ~ 7%

8.3.3 Sonnenberg 17.03.2011

8.3.3.1 Ökologischer Weinbau

Tabelle 6: Ökologischer Weinbau Sonnenberg Mittelhang 17.03.2011

Mittelhang, SW 20°

ökologische Bewirtschaftung

Art	Schicht	ADS	L	T	K	F	R	N	Deutscher Name
Achillea ptarmica	K	2	8	6	3	8	4	2	Schafgarbe
Cardamine hirsuta	K	1	6	6	3	5	5	7	Garten-Schaumkraut
Cirsium arvense	K	1	8	5	x	x	x	7	Acker-Kratzdistel
Fragaria vesa L.	K	1	7	x	5	5	x	6	Wald-Erdbeere
Geranium pyrenaicum	K	1	8	6	4	5	7	8	Pyrenäen-Storchenschnabel
Lamium purpureum	K	+	7	5	3	5	7	7	Purpurrote Taubnessel
Pastinaca savita	K	+	8	6	5	4	8	5	Pastinak
Plantago lanceolata L.	K	+	8	6	5	4	8	5	Spitz-Wegerich
Rubus fruticosus	K	r	3	4	3	3	3	4	Brombeere
Rumex acetosa	K	+	8	x	x	x	x	6	Großer Sauerampfer
Senecio vulgaris	K	+	7	x	x	5	x	8	Gewöhnliches Geiskraut
Taraxacum officiale	K	1	7	x	x	5	x	8	Löwenzahn
Trifolium repens	K	1	8	x	x	5	6	6	Weiß-Klee
Verbascum thapsus	K	r	8	x	3	4	7	7	Kleinblütige Königskerze
Veronica persica	K	2	6	x	3	5	7	7	Persischer Ehrenpreis
Vicia sepium	K	+	x	x	5	5	6	5	Zaun-Wicke
	K								Gräser

Gesamtbedeckung ~ 60%

8.3.3.2 Konventioneller Weinbau

Tabelle 7: Konventioneller Weinbau Sonnenberg Mittelhang 17.03.2011

Mittelhang, SW 21°

konventionelle Bewirtschaftung

Art	Schicht	ADS	L	T	K	F	R	N	Deutscher Name
Cardamine hirsuta	K	2	6	6	3	5	5	7	Garten-Schaumkraut
Cirsium arvense	K	1	8	5	x	x	x	7	Acker-Kratzdistel
Fragaria vesa	K	1	7	x	5	5	x	6	Wald-Erdbeere
Lamium purpureum	K	2	7	5	3	5	7	7	Purpurrote Taubnessel
Ranunculus auricomus	K	1	5	6	3	x	7	x	Gold-Hahnenfuß
Senecio vulgaris	K	1	7	x	x	5	x	8	Gewöhnliches Greiskraut
Taxaracum officiale	K	1	7	x	x	5	x	8	Wiesen-Löwenzahn
Veronica persica	K	2	6	x	3	5	7	7	Persischer Ehrenpreis
Vicia sepium	K	+	x	x	5	5	6	5	Zaun-Wicke
	K	+							Moose
	K	2							Gräser

Gesamtbedeckung ~ 30%

8.3.4 Sonnenberg 01.04.2011

8.3.4.1 Ökologischer Weinbau

Tabelle 8: Ökologischer Weinbau Sonnenberg Mittelhang 01.04.2011

Mittelhang, SW 20°

ökologische Bewirtschaftung

Art	Schicht	ADS	L	T	K	F	R	N	Deutscher Name
Achillea ptarmica	K	2	8	6	3	8	4	2	Schafgarbe
Cardamine hirsuta	K	1	6	6	3	5	5	7	Garten-Schaumkraut
Cirsium arvense	K	1	8	5	x	x	x	7	Acker-Kratzdistel
Fragaria vesa L.	K	1	7	x	5	5	x	6	Wald-Erdbeere
Geranium pyrenaicum	K	1	8	6	4	5	7	8	Pyrenäen-Storchenschnabel
Lamium purpureum	K	+	7	5	3	5	7	7	Purpurrote Taubnessel
Pastinaca savita	K	+	8	6	5	4	8	5	Pastinak
Plantago lanceolata L.	K	+	8	6	5	4	8	5	Spitz-Wegerich
Rubus fruticosus	K	r	3	4	3	3	3	4	Brombeere
Rumex acetosa	K	+	8	x	x	x	x	6	Großer Sauerampfer
Senecio vulgaris	K	+	7	x	x	5	x	8	Gewöhnliches Geiskraut
Taraxacum officiale	K	1	7	x	x	5	x	8	Wiesen-Löwenzahn
Trifolium repens	K	1	8	x	x	5	6	6	Weiß-Klee
Verbascum thapsus	K	r	8	x	3	4	7	7	Kleinblütige Königskerze
Veronica persica	K	2	6	x	3	5	7	7	Persischer Ehrenpreis
Vicia sepium	K	+	x	x	5	5	6	5	Zaun-Wicke
	K								Gräser

Gesamtbedeckung ~ 70%

8.3.4.2 Konventioneller Weinbau

Tabelle 9: Konventioneller Weinbau Sonnenberg Mittelhang 01.04.2011

Mittelhang, SW 21°

konventionelle Bewirtschaftung

Art	Schicht	ADS	L	T	K	F	R	N	Deutscher Name
Cardamine hirsuta	K	2	6	6	3	5	5	7	Garten-Schaumkraut
Cirsium arvense	K	1	8	5	x	x	x	7	Acker-Kratzdistel
Fragaria vesa	K	1	7	x	5	5	x	6	Wald-Erdbeere
Lamium purpureum	K	2	7	5	3	5	7	7	Purpurrote Taubnessel
Ranunculus auricomus	K	1	5	6	3	x	7	x	Gold-Hahnenfuß
Senecio vulgaris	K	1	7	x	x	5	x	8	Gewöhnliches Greiskraut
Taxaracum officiale	K	1	7	x	x	5	x	8	Wiesen-Löwenzahn
Veronica persica	K	2	6	x	3	5	7	7	Persischer Ehrenpreis
Vicia sepium	K	+	x	x	5	5	6	5	Zaun-Wicke
	K	+							Moose
	K	2							Gräser

Gesamtbedeckung ~ 35%

8.3.5 Wiltinger Schlangengraben 17.03.2011

8.3.5.1 Ökologischer Weinbau

Tabelle 10: Ökologischer Weinbau Schlangengraben Unterhang 17.03.2011

ökologische Bewirtschaftung S 23°

Art	Schicht	ADS	L	T	K	F	R	N	Deutscher Name
Cardamine hirsuta	K	+	6	6	3	5	5	7	Garten-Schaumkraut
Cirsium arvense	K	1	8	5	x	x	x	7	Acker-Kratzdistel
Euphorbia helioscopia	K	r	6	x	3	5	7	7	Sonnenwend-Wolfsmilch
Geranium pyrenaicum	K	1	8	6	4	5	7	8	Pyrenäen-Storchenschnabel
Lamium purpureum	K	1	7	5	3	5	7	7	Purpurrote Taubnessel
Matricaria discoidea	K	+	8	5	3	5	7	8	Strahlenlose Kamille
Rubus fruticosus	K	r	3	4	3	3	3	4	Brombeere
Senecio vulgaris	K	1	7	x	x	5	x	8	Gewöhnliches Geiskraut
Solidago canadensis	K	1	8	6	5	x	x	6	Kanadische Goldrute
Trifolium repens L.	K	2	8	x	x	5	6	6	Weiß-Klee
Urtica Dioica	K	1	x	x	x	6	7	9	Gewöhnliche Brennnessel
Veronica persica	K	+	6	x	3	5	7	7	Persischer Ehrenpreis
Vicia sepium	K	2	x	x	5	5	6	5	Zaun-Wicke
	K	2							Gräser

Gesamtbedeckung ~ 40%

8.3.5.2 Konventioneller Weinbau

Tabelle 11: Konventioneller Weinbau Schlangengraben Unterhang 17.03.2011

Konventionelle Bewirtschaftung S 23°

Art	Schicht	ADS	L	T	K	F	R	N	Deutscher Name
Senecio vulgaris	K	1	7	x	x	5	x	8	Gewöhnliches Geiskraut

Gesamtbedeckung ~ 2%

8.3.6 Wiltinger Schlangengraben 01.04.2011

8.3.6.1 Ökologischer Weinbau

Tabelle 12: Ökologischer Weinbau Schlangengraben Unterhang 01.04.2011

ökologische Bewirtschaftung S 23°

Art	Schicht	ADS	L	T	K	F	R	N	Deutscher Name
Cardamine hirsuta	K	+	6	6	3	5	5	7	Garten-Schaumkraut
Cirsium arvense	K	1	8	5	x	x	x	7	Acker-Kratzdistel
Euphorbia helioscopia	K	r	6	x	3	5	7	7	Sonnenwend-Wolfsmilch
Geranium pyrenaicum	K	1	8	6	4	5	7	8	Pyrenäen-Storchenschnabel
Lamium purpureum	K	2	7	5	3	5	7	7	Purpurrote Taubnessel
Lupinus polyphyllus	K	1	7	5	4	5	4	x	Vielblättrige Lupine
Matricaria discoidea	K	+	8	5	3	5	7	8	Strahlenlose Kamille
Myosurus minimus L.	K	+	8	7	5	7	6	5	Mäuseschwänzchen
Rubus fruticosus	K	r	3	4	3	3	3	4	Brombeere
Senecio vulgaris	K	1	7	x	x	5	x	8	Gewöhnliches Geiskraut
Solidago canadensis	K	1	8	6	5	x	x	6	Kanadische Goldrute
Taraxacum officiale	K	1	7	x	x	5	x	8	Wiesen-Löwenzahn
Trifolium repens L.	K	2	8	x	x	5	6	6	Weiß-Klee
Urtica Dioica	K	1	x	x	x	6	7	9	Gewöhnliche Brennnessel
Veronica persica	K	+	6	x	3	5	7	7	Persischer Ehrenpreis
Vicia sepium	K	2	x	x	5	5	6	5	Zaun-Wicke
	K	2							Gräser

Gesamtbedeckung ~ 65%

8.3.6.2 Konventioneller Weinbau

Tabelle 13: Konventioneller Weinbau Schlangengraben Unterhang 01.04.2011

Konventionelle Bewirtschaftung S 23°

Art	Schicht	ADS	L	T	K	F	R	N	Deutscher Name
Galium aparine	K	1	7	6	3	x	6	8	Gewöhnliches Kletten-Labkraut
Senecio vulgaris	K	1	7	x	x	5	x	8	Gewöhnliches Geiskraut
Urtica dioica	K	+	x	x	x	6	7	9	Gewöhnliche Brennnessel
Veronica persica	K	+	6	x	3	5	7	7	Persischer Ehrenpreis

Gesamtbedeckung ~ 10%

Literaturverzeichnis

Bundesanstalt für Geowissenschaften und Rohstoffe und Niedersächsisches Landesamt für Bodenforschung (2005): Bodenkundliche Kartieranleitung, 5. Auflage. Hannover.

Hofmann, Uwe et al. (1995): Ökologischer Weinbau. Stuttgart.

Hoppmann, Dieter (2010): Terroir – Wetter, Boden und Klima im Weinberg. Geisenheim.

Kauer, Randolf und Fader, Beate (2007): Praxis des ökologischen Weinbaus. Kuratorium für Technik und Bauwesen in der Landwirtschaft. Darmstadt.

Kauer, Randolf und Kiefer, Wilhelm (1995): Umweltschonender und ökologischer Weinbau. Kuratorium für Technik und Bauwesen in der Landwirtschaft. Darmstadt.

Koepf, Herbert H. et al. (1996): Biologisch-Dynamische Landwirtschaft. Stuttgart.

Kosmos Naturführer (2010): Was blüht denn da? Der Fotoband. Stuttgart.

Müller, Manfred J. (1984): Geomorphologische Karte 1:25000 der Bundesrepublik Deutschland Bd. Erläuterungen. Saarburg.

Peters, W. und Walldorf, V. (1986): Der Regenwurm, Lumbricus terrestris L. - Eine Praktikumsanleitung. Heidelberg & Wiesbaden.

Pfiffner, L. (1993): Einfluß langjährig ökologischer und konventioneller Bewirtschaftung auf Regenwurmpopulationen. (Lumbricidae). Z. Pflanzenernähr. Bodenk. 156, 259 - 265.

Preuschen, Gerhardt (1994): Der ökologische Weinbau – Ein Leitfaden für Praktiker und Berater, 6. Überarbeitete und ergänzte Auflage. Heidelberg.

Vogt, Ernst & Schruft, Günther (2000): Weinbau - 8., völlig neubearbeitete Auflage. Stuttgart.

Internetquelle:

Bayerisches Staatsministerium für Ernährung, Landwirtschaft und Forsten (2011): Bayrische Landesanstalt für Weinbau und Gartenbau. www.lwg.bayern.de/weinbau/ (Datum des Zugriffs: 04.08.2011)

Bundesanstalt für Landwirtschaft und Ernährung, Bonn (2011): Oekolandbau. www.oekolandbau.de (Datum des Zugriffs: 10.09.2011)

Deutsches Weininstitut GmbH (2011): Deutsches Weininstitut. www.deutscheweine.de (Datum des Zugriffs: 27.07.2011)

Dienstleistungszentrum Ländlicher Raum Rheinland-Pfalz (2011): Agrar-meterologie Rheinland-Pfalz.www.am.rlp.de (Datum des Zugriffs: 20.07.2011)

ECOVIN Bundesverband Ökologischer Weinbau e. V. (2011): ECOVIN. www.ecovin.de (Datum des Zugriffs: 02.09.2011)

ECOVIN Mosel-Saar-Ahr e.V. (2011): Ecovin Mosel-Saar-Ahr. www.ecovin-mosel.de (Datum des Zugriff: 03.09.2011)

Kaltzin, Walter (2011): Der Winzer, Das Fachportal des größten deutschsprachigen Weinbaumagazins. www.der-winzer.at (Datum des Zugriffs: 01.08.2011)

Landesamt für Vermessung und Geobasisinformation Rheinland-Pfalz (2011): Geoportal Rheinland-Pfalz. www.geoportal.rlp.de/portal/karten.html (Datum des Zugriffs: 10.08.2011)

Ministerium für Umwelt, Landwirtschaft, Ernährung, Weinbau und Forsten (2011): Dienstleistungszentrum Ländlicher Raum Rheinland-Pfalz. www.dlr.rlp.de (Datum des Zugriffs: 18.09.2011)

Moselwein e.V. (2011): Mosel WeinKulturLand. www.weinland-mosel.de (Datum des Zugriffs: 28.07.2011)

Schultz, Prof. Dr. Hans-Reiner (2011): Forschungsanstalt Geisenheim. www.fa-gm.de/weingut/rebsorten/index.html (Datum des Zugriffs: 12.09.2011)

Verkehrsverein Saarburger Land (2011): Geologisch-naturkundlicher Lehrpfad Ockfen. www.bockstein.de/Geologisch_naturkundlicher_Lehrpfad_Text.htm (Datum des Zugriffs: 16.07.2011)